ディジタル制御と実時間最適制御

片柳亮二 著

技報堂出版

はじめに

筆者は長らく航空機の飛行制御設計の仕事に携わってきた．そのころ（1970年代），航空機の操縦装置はディジタル・フライ・バイ・ワイヤ（DFBW）といわれるコンピュータ制御のシステムが登場した時代である．コンピュータ性能はまだ貧弱であり，比較的長いサンプル時間でディジタル制御の性能を落とさないためのディジタル制御技術が大きく発展した時代であった．このような背景を踏まえて，本書では，ディジタル制御の基礎的事項について例題を用いてわかりやすく述べた後，後半では近年産業界においてニーズが高まっている実時間最適制御を実現する方法についてまとめた．

ここではまず，前半のディジタル制御の基礎的事項について，その概要を述べる．“制御”は，制御対象の特性を設計者の意図する特性に改善することに使われる．この場合，制御対象は連続系の微分方程式で表されるのが一般的である．すなわち，制御対象の入力は連続系の信号（アナログ信号）であり，出力も連続系の信号である．従来は，この連続系の出力信号を直接アナログ回路に入力して演算し，その連続系の出力信号を制御対象に入力することで制御していた．その後，コンピュータの発達とともに，アナログ制御回路がコンピュータのソフトウェア演算に置き換えられた．コンピュータ内での演算はディジタル信号により行われる．ソフトウェアの演算は，サンプル時間といわれる一定の時間間隔のディジタル信号で処理される．ディジタル信号により連続系の制御対象を制御，すなわち“ディジタル制御”を行うにはサンプラと呼ばれる信号変換処理が必要になり，これも制御性能が劣化する要因の１つである．ディジタル制御は，ソフトウェアにより多くの機能を簡単に制御系に組み込むことができる反面，時間遅れのために連続系の制御システムよりも性能が劣化することが懸念される．そのため，ディジタル制御の性能の劣化を最小にする設計方法が研究されてきた．制御系の設計については，２つの方法に分類される．１つは，制御系全体を連続系として設定して，制御則を連続系から離散値系（ディジタル系）へ変換する方法である．この方法では，ディジタル系のサンプル時間を連続系の制御性能からの劣化の状況をみながら設定することができる．もう１つの方法は，ディジタル制御系を直接設計する方法である．この方法では，最初にサンプル時間を設定する必要があり，そのサンプル時間において制御性能を追求していくことになる．これらの2つの方法はそれぞれ特質があり，コンピュータが制御に使われはじめたころにはいろいろと議論された．しかし，近年，コンピュータの性能が向上するにつれて，サンプル時間は十分短くできるため，連続系設計か直接離散値系設計かは大きな問題ではなくなっている．本書では，従来から多くのシステムで採用されてきた前者の方法，連続系から離散値系（ディジタル系）へ変換する方法について述べる．

次に，本書の後半では実時間最適制御を実現する方法ついてまとめた．ここではその概要を述べる．ここでの最適制御とは，無限時間までの評価関数を最小にする最適レギュレータのような制御システムではなく，初期条件，終端条件を満足し，かつ評価関数を最小化する，いわゆる2点境界値問題の解を得るもので，しかも実時間でそれを実現する制御システムである．2点境界値問題を解くことで，システムを現在の状態から目標点に最適に誘導することが可能になる．しかし，一般的に2点境界値問題を解くのは簡単ではなく，しかも実時間で解くのはコンピュータが発達した今日でも難しい状況である．実時間最適制御を実現する方法として，近年モデル予測制御という手法が研究されている．この方法では，2点境界値問題を直接解いていくのではなく，解くべき時間を分けて少しずつ時間を変化させていき，解もわずかしか違わないとの考え方から各時刻で解きなおすことで実時間最適制御の近似解を得ている．これに対して，本書では折れ線入力離散値化という方法（4.1節参照）を用いてシステムを変換して，KMAPゲイン最適化という手法（第3章参照）により，実時間最適制御を2点境界値問題として直接解くことを実現した．本書では，この新しい手法について具体的な例題を通して解説する．本書がこれから制御設計に携わるエンジニアの方の参考になれば望外の喜びである．

最後に，本書の執筆に際しまして，特段のご尽力をいただいた技報堂出版の石井洋平氏にお礼申し上げます．

2021年4月

片柳亮二

目　次

第1章　ディジタル制御の基礎

本章では，連続系の信号（アナログ信号）と離散値系の信号（ディジタル信号）との関係，連続系の制御対象および制御則を離散値系に変換する方法，基本的な離散値系の解析方法などの基礎的事項について，例題を用いて学ぶ．

1.1　ディジタル信号はどのように表すのか

信号 $x(t)$ を図 **1.1(a)** に示すサンプラによって，$t=kT$ $(k=0,1,2,\cdots)$ 時間ごとに信号を取り出すと図 **1.1(b)** のような $x(kT)$ の点列が得られる．

なお，$k<0$ では $x(kT)=0$ とする．

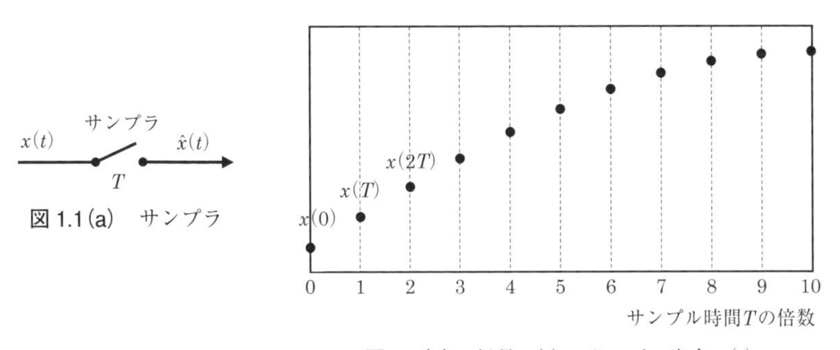

図 1.1(a)　サンプラ

図 1.1(b)　信号 $x(t)$ のサンプラ出力 $\hat{x}(t)$

ここで，時間 $t=kT$ $(k=0,1,2,\cdots)$ において1の値を持ち，それ以外の時間では0となる**クロネッカーのデルタ関数** $\delta(t-kT)$ を導入しよう（ただし，この関数は**ディラックのデルタ関数**とは異なるものである）．クロネッカーのデルタ関数を用いると，サンプラ出力 $\hat{x}(t)$ は次のように表される．

$$
\begin{aligned}
\hat{x}(t) &= x(0)\delta(t) + x(T)\delta(t-T) + x(2T)\delta(t-2T) + \cdots \\
&= \sum_{k=0}^{\infty} x\left(kT\right)\delta\left(t-kT\right)
\end{aligned}
\qquad (1.1\text{-}1)
$$

ここで，(1.1-1) 式をラプラス変換すると

$$X(s)=x(0)+x(T)e^{-Ts}+x(2T)e^{-2Ts}+\cdots=\sum_{k=0}^{\infty}x(kT)e^{-kTs} \tag{1.1-2}$$

ここで，

$$e^{Ts}=z \tag{1.1-3}$$

で置き換えると，(1.1-2) 式は次のように表される．

$$X(z)=x(0)+x(T)z^{-1}+x(2T)z^{-2}+\cdots=\sum_{k=0}^{\infty}x(kT)z^{-k} \tag{1.1-4}$$

(1.1-4) 式は信号 $\hat{x}(t)$ の **z 変換**といわれる．(1.1-4) 式のうち，z^{-k} で表された項は $t=kT$ における信号の値を表す．なお，z がない項は $t=0$ における信号の値を表す．

z 変換された $X(z)$ から時間関数 $\hat{x}(\mathrm{t})$ を求めることを**逆 z 変換**という．逆 z 変換を求めるには，z で表される関数 $X(z)$ を (1.1-4) 式の z^{-k} の級数の形に展開して (1.1-1) 式を得る方法のほか，次のように展開する方法がある．

$X(z)$ を次のように展開する．

$$X(z)=b_0+b_1\frac{z}{z-a_1}+b_2\frac{z}{z-a_2}+\cdots+b_n\frac{z}{z-a_n} \tag{1.1-5}$$

このとき，逆 z 変換が次のように得られる．

$$\begin{aligned}\hat{x}(t)=&(b_0+b_1+b_2+\cdots+b_n)\delta(t)+(b_1a_1+b_2a_2+\cdots+b_na_n)\delta(t-T)\\&+(b_1a_1^2+b_2a_2^2+\cdots+b_na_n^2)\delta(t-2T)+\cdots\end{aligned} \tag{1.1-6}$$

（この式の導出は付録 (A1.1-3) 式参照）

1.2　ホールドなしの z 変換

図 1.2(a) に示すように，連続系のシステムが 4 行列データによる状態方程式で表されているとき，離散時間状態方程式および z 変換式は以下のように表される．ただし，信号列 $u(kT)$ などは簡単のため $u(k)$ と書くことにする．

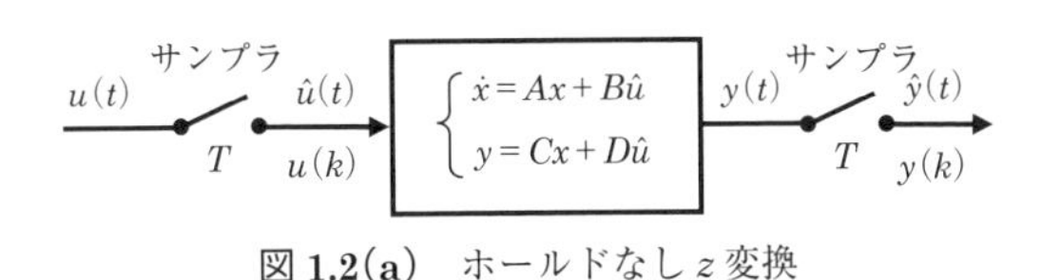

図 1.2(a)　ホールドなし z 変換

いま次の連続系の状態方程式で表されているシステムを考える．

$$\begin{cases} \dot{x}=Ax+B\hat{u} \\ y=Cx+D\hat{u} \end{cases} \tag{1.2-1}$$

このとき，ホールド要素なしの離散時間状態方程式は次式で与えられる．

$$\begin{cases} x(k+1)=Fx(k)+Gu(k) \\ y(k)=Hx(k)+Eu(k) \end{cases} \quad \boxed{\begin{array}{ll} F=e^{AT}, & G=zB \\ H=C, & E=D \end{array}} \tag{1.2-2}$$

（この式の導出は付録（A1.2-5）式参照）

初期値 $x_0=0$ とすると z 変換は次のようにまとめられる．

$$\boxed{\begin{array}{l} X(z)=(zI-F)^{-1}G\cdot U(z) \\ Y(z)=\{H(zI-F)^{-1}G+E\}U(z) \end{array}} \tag{1.2-3}$$

（この式の導出は付録（A1.2-8）式参照）

(1.2-3) 式による $X(z)/U(z)$ および $Y(z)/U(z)$ は**パルス伝達関数**といわれる．

例題 1.2.1　1 次遅れの場合

図 1.2.1(a) の 1 次遅れの場合を考えてみよう．

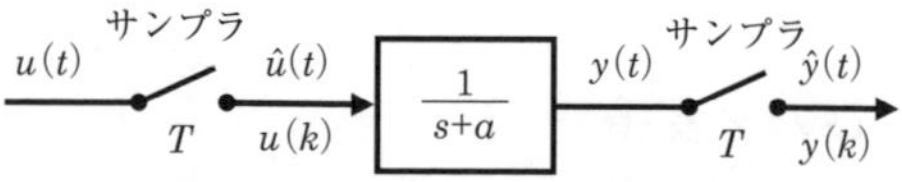

図 **1.2.1 (a)**　システムが 1 次遅れの場合

連続系伝達関数は次式である.

$$y = \frac{1}{s+a} u \tag{1}$$

(1) 式は，状態方程式では次のように表される.

$$\begin{cases} \dot{x} = -ax + u \\ y = x \end{cases} \quad \begin{pmatrix} A = -a, & B = 1 \\ C = 1, & D = 0 \end{pmatrix} \tag{2}$$

したがって，ホールド要素なしの離散時間状態方程式は (1.2-2) 式より

$$\begin{cases} x(k+1) = Fx(k) + Gu(k) \\ y(k) = Hx(k) + Eu(k) \end{cases} \quad \begin{pmatrix} F = e^{-aT}, & G = z \\ H = 1, & E = 0 \end{pmatrix} \tag{3}$$

(1.2-3) 式から z 変換が次のように得られる.

$$Y(z) = \left(z - e^{-aT}\right)^{-1} zU(z) = \frac{z}{z - e^{-aT}} U(z) \tag{4}$$

例題 1.2.2　リードラグの場合

図 **1.2.2(a)** のリードラグの場合を考えてみよう.

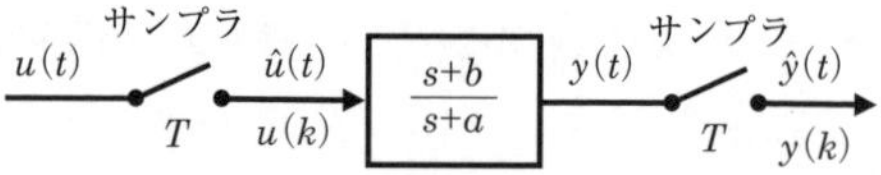

図 **1.2.2(a)**　システムがリードラグの場合

連続系伝達関数は次式である.

$$y = \frac{s+b}{s+a}u = (b-a)x + u \quad ただし，\quad x = \frac{1}{s+a}u \tag{1}$$

(1) 式は，状態方程式では次のように表される．

$$\begin{cases} \dot{x} = -ax + u \\ y = (b-a)x + u \end{cases} \quad \begin{pmatrix} A = -a, & B = 1 \\ C = b-a, & D = 1 \end{pmatrix} \tag{2}$$

したがって，ホールド要素なしの離散時間状態方程式は (1.2-2) 式より

$$\begin{cases} x(k+1) = Fx(k) + Gu(k) \\ y(k) = Hx(k) + Eu(k) \end{cases} \quad \begin{pmatrix} F = e^{-aT}, & G = z \\ H = b-a, & E = 1 \end{pmatrix} \tag{3}$$

(3) 式から z 変換が次のように得られる．

$$Y(z) = \left\{(b-a)\left(z - e^{-aT}\right)^{-1} z + 1\right\} U(z) = \frac{(b-a+1)z - e^{-aT}}{z - e^{-aT}} U(z) \tag{4}$$

すなわち，z 平面の極・零点は次のようである．

$$極：z = e^{-aT}, \quad 零点：z = \frac{e^{-aT}}{b-a+1} \tag{5}$$

例題 1.2.3　$\omega/(s^2+\omega^2)$（時間関数 $\sin\omega t$ に対応）の場合

図 **1.2.3(a)** に示すシステムの場合を考えてみよう．

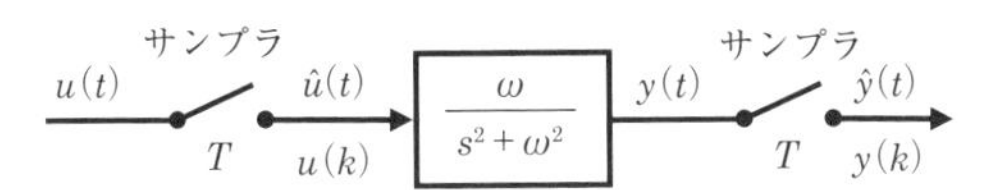

図 **1.2.3(a)**　時間関数 $\sin\omega T$ に対応する関数の場合

システムは，次のように変形できる．

$$\frac{\omega}{s^2+\omega^2} = \frac{j}{2}\cdot\frac{1}{s+j\omega} - \frac{j}{2}\cdot\frac{1}{s-j\omega} \tag{1}$$

(1) 式は，状態方程式では次のように表される．

$$\frac{j}{2}\cdot\frac{1}{s+j\omega} \quad \Longrightarrow \quad \begin{cases} \dot{x} = -j\omega x + u \\ y = (j/2)x \end{cases} \quad \begin{pmatrix} A = -j\omega, & B = 1 \\ C = j/2, & D = 0 \end{pmatrix} \tag{2}$$

したがって，ホールド要素なしの離散時間状態方程式は (1.2-2) 式より

$$\begin{cases} x(k+1) = Fx(k) + Gu(k) \\ y(k) = Hx(k) + Eu(k) \end{cases} \quad \begin{pmatrix} F = e^{-j\omega T}, & G = z \\ H = j/2, & E = 0 \end{pmatrix} \tag{3}$$

(3) 式から z 変換が次のように得られる．

$$Y(z) = \frac{j}{2}\left(z - e^{-j\omega T}\right)^{-1}\cdot zU(z) = \frac{j}{2}\cdot\frac{z}{z - e^{-j\omega T}}U(z) \tag{4}$$

同様に，(1) 式の右辺第2項は

$$Y(z) = \frac{j}{2}\left(z - e^{j\omega T}\right)^{-1}\cdot zU(z) = \frac{j}{2}\cdot\frac{z}{z - e^{j\omega T}}U(z) \tag{5}$$

(1) 式の z 変換は，(4) 式 − (5) 式より

$$\frac{\omega}{s^2+\omega^2} \quad \Longrightarrow \quad \begin{aligned} Y(z) &= \frac{j}{2}\left(\frac{z}{z - e^{-j\omega T}} - \frac{z}{z - e^{j\omega T}}\right)U(z) \\ &= \frac{z\sin\omega T}{z^2 - 2z\cos\omega T + 1}U(z) \end{aligned} \tag{6}$$

例題 1.2.4　1次遅れが2個直列の場合

図 1.2.4(a) のように1次遅れが2個直列の場合を考えてみよう．

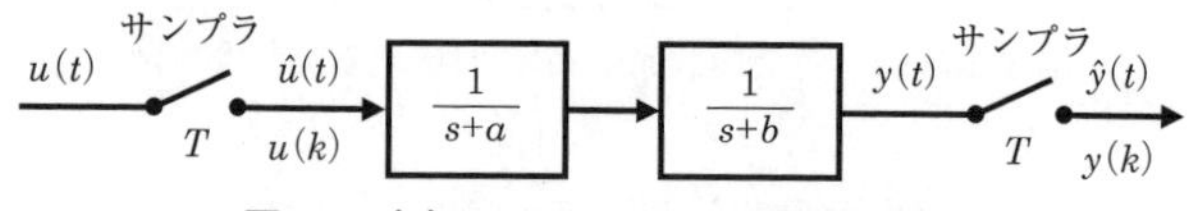

図 1.2.4(a)　1次遅れが2個直列の場合

1次遅れが2個直列であるから，次式で表される．

$$\frac{1}{s+a}\cdot\frac{1}{s+b}=\frac{1}{b-a}\cdot\left(\frac{1}{s+a}-\frac{1}{s+b}\right) \tag{1}$$

したがって，例題 1.2.1 の (4) 式よりz変換が次のように得られる．

$$\begin{aligned}Y(z)&=\frac{z}{b-a}\cdot\left(\frac{1}{z-e^{-aT}}-\frac{1}{z-e^{-bT}}\right)U(z)\\&=\frac{1}{b-a}\cdot\frac{z\left(e^{-aT}-e^{-bT}\right)}{z^2-z\left(e^{-aT}+e^{-bT}\right)+e^{-(a+b)T}}U(z)\end{aligned} \tag{2}$$

例題 1.2.5　1 次遅れ 2 個がサンプラを介して直列の場合

図 1.2.5(a) のように 1 次遅れ 2 個がサンプラを介して直列の場合を考えてみよう．

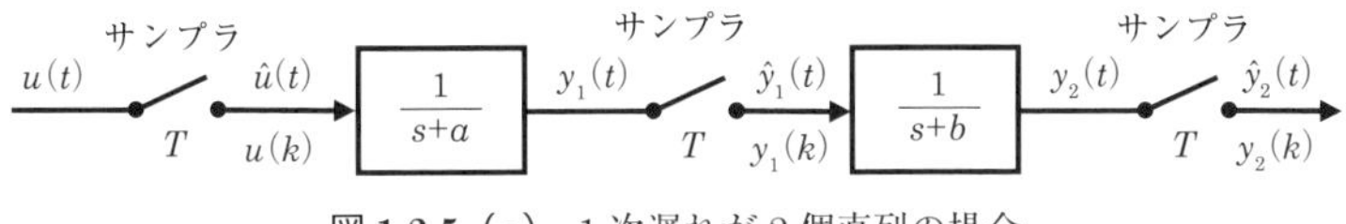

図 1.2.5 (a)　1 次遅れが 2 個直列の場合

図 1.2.5(a) の場合は，1 次遅れをそれぞれz変換したものを結合するので，例題 1.2.1(4) 式から次のようになる．

$$\begin{aligned}Y(z)&=\frac{z}{z-e^{-aT}}\cdot\frac{z}{z-e^{-bT}}U(z)\\&=\frac{z^2}{z^2-z\left(e^{-aT}+e^{-bT}\right)+e^{-(a+b)T}}U(z)\end{aligned} \tag{1}$$

このように，2 個の 1 次遅れサンプラを介して直列にしたz変換と，例題 1.2.4 で示した 1 次遅れ 2 個を直列にしたz変換とでは結果が異なることがわかる．

例題 1.2.6　その他の z 変換の例

下記に示す時間関数$g(t)$に対するラプラス変換$G(s)$およびz変換$G(z)$を求める．

(1) $g(t)=\delta(t)$ $\Rightarrow$ $G(s)=1$, $G(z)=1$

(2) $g(t)=\delta(t-kT)$ $\Rightarrow$ $G(s)=e^{-kTs}$, $G(s)=z^{-k}$

(3) $g(t)=\sum_{k=0}^{\infty}\delta(t-kT)$ $\Rightarrow$ $G(s)=\dfrac{1}{1-e^{-Ts}}$, $G(z)=\dfrac{z}{z-1}$

（$e^{Ts}=z$ に置き換え）

(4) $g(t)=e^{-at}$ $\Rightarrow$ $G(s)=\dfrac{1}{s+a}$,（極は $s=-a$）

（$G(s)/(1-z^{-1}e^{Ts})$ の極の留数から）

$$G(z)=\lim_{s\to -a}(s+a)\cdot\frac{1}{s+a}\cdot\frac{1}{1-z^{-1}e^{Ts}}=\frac{z}{z-e^{-Ta}}$$

(5) $g(t)=u(t)$ $\Rightarrow$ $G(s)=\dfrac{1}{s}$, $G(z)=\lim_{s\to 0}s\cdot\dfrac{1}{s}\cdot\dfrac{1}{1-z^{-1}e^{Ts}}=\dfrac{z}{z-1}$

(6) $g(t)=\sin\omega t$ $\Rightarrow$ $G(s)=\dfrac{\omega}{s^2+\omega^2}$,（極は $s=\pm j\omega$）

$$G(z)=\lim_{s\to j\omega}(s-j\omega)\cdot\frac{\omega}{s^2+\omega^2}\cdot\frac{1}{1-z^{-1}e^{Ts}}+\lim_{s\to -j\omega}(s+j\omega)\cdot\frac{\omega}{s^2+\omega^2}\cdot\frac{1}{1-z^{-1}e^{Ts}}$$
$$=\frac{1}{2j}\times\frac{1}{1-z^{-1}e^{j\omega T}}-\frac{1}{2j}\times\frac{1}{1-z^{-1}e^{-j\omega T}}=\frac{z\sin\omega T}{z^2-2z\cos\omega T+1}$$

(7) $\lim_{t\to 0}g(t)$（初期値定理） $\Rightarrow$ $\lim_{s\to\infty}sG(s)$,

$$\lim_{z\to\infty}G(z)=\lim_{z\to\infty}\left\{g(0)+g(T)z^{-1}+g(2T)z^{-2}+\cdots\right\}=g(0)$$

(8) $\lim_{t\to\infty}g(t)$（最終値定理） $\lim_{s\to 0}sG(s)$, $\lim_{z\to 1}\dfrac{z-1}{z}G(z)$

（これらの式の導出は付録（A1.3-8）式参照）

1.3　連続系のプラントを0次ホールド付きz変換

図1.3(a) に示すように，連続系のプラントが4行列データによる状態方程式で表されているとき，サンプラの後に0次ホールド（t_k から t_{k+1} の間は一定値 $u(k)$）のある場合の離散時間状態方程式およびz変換式は以下のように表される．

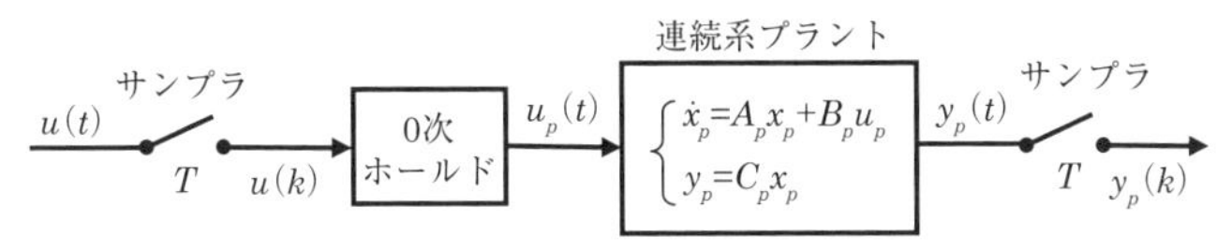

図1.3(a)　入力に0次ホールドがある場合のz変換

連続系システムのプラントをディジタル制御する場合，サンプラによって離散値化された制御信号はホールド回路により連続信号に変換してからプラントに入力される．この場合のz変換による離散値化は以下のようになる．

プラントは次の連続系の状態方程式で表されているとする．

$$\begin{cases} \dot{x}_p = A_px_p + B_pu_p \\ y_p = C_px_p + D_pu_p \end{cases} \tag{1.3-1}$$

このとき，離散時間状態方程式は次式で与えられる．

$$\begin{cases} x_p(k+1) = F_px_p(k) + G_pu_p(k) \\ y_p(k) = H_px_p(k) + E_pu_p(k) \end{cases} \quad \boxed{\begin{aligned} &F_p = e^{A_pT}, \quad G_p = \left(e^{A_pT} - I\right)A_p{}^{-1}B_p \\ &H_p = C_p, \quad E_p = D_p \end{aligned}} \tag{1.3-2}$$

（この式の導出は付録（A1.3-6）式参照）

初期値 $x_0 = 0$ とするとz変換は次のようにまとめられる．

$$\boxed{\begin{aligned} &X_p(z) = (zI - F_p)^{-1} G_p \cdot U_p(z) \\ &Y_p(z) = \left\{H_p(zI - F_p)^{-1} G_p + E_p\right\}U_p(z) \end{aligned}} \tag{1.3-3}$$

（この式の導出は付録（A1.3-9）式参照）

例題 1.3.1　1次遅れの場合

図 **1.3.1(a)** の1次遅れの場合を考えてみよう.

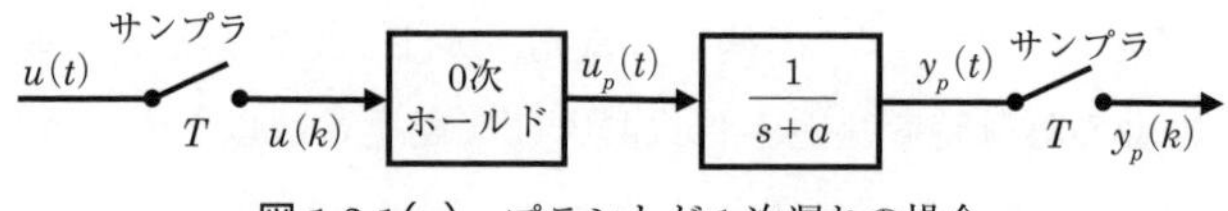

図 **1.3.1(a)**　プラントが1次遅れの場合

連続系伝達関数は次式である.

$$y_p = \frac{1}{s+a} u_p \tag{1}$$

(1) 式は，状態方程式では次のように表される.

$$\begin{cases} \dot{x}_p = -ax_p + u_p \\ y_p = x_p \end{cases} \quad \begin{pmatrix} A_p = -a, & B_p = 1 \\ C_p = 1, & D_p = 0 \end{pmatrix} \tag{2}$$

したがって，(1.3-2) 式より離散時間状態方程式は

$$\begin{cases} x_p(k+1) = F_p x_p(k) + G_p u_p(k) \\ y_p(k) = H_p x_p(k) + E_p u_p(k) \end{cases} \tag{3}$$

ただし，

$$F_p = e^{-aT}, \quad G_p = \left(e^{-aT} - 1\right)\left(-a\right)^{-1} = \frac{1 - e^{-aT}}{a}, \quad H_p = 1, \quad E_p = 0 \tag{4}$$

したがって，(1.3-3) 式から z 変換が次のように得られる.

$$Y_p(z) = \left\{ \left(z - e^{-aT}\right)^{-1} \cdot \frac{1 - e^{-aT}}{a} \right\} U_p(z) = \frac{1 - e^{-aT}}{a\left(z - e^{-aT}\right)} U_p(z) \tag{5}$$

例題 1.3.2　リードラグの場合

図 1.3.2(a) のリードラグの場合を考えてみよう．

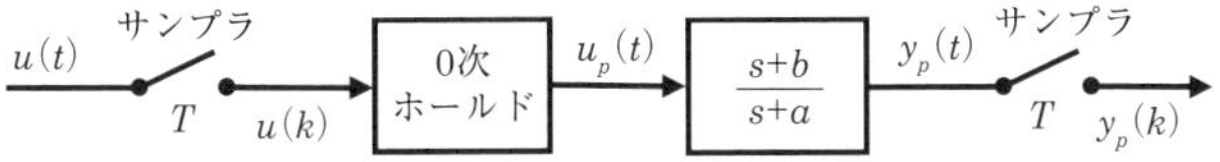

$u(t)$ サンプラ T $u(k)$ [0次ホールド] $u_p(t)$ $\left[\dfrac{s+b}{s+a}\right]$ $y_p(t)$ サンプラ T $y_p(k)$

図 1.3.2(a)　プラントがリードラグの場合

連続系伝達関数は次式である．

$$y_p = \frac{s+b}{s+a}u_p = (b-a)x_p + u_p \quad ただし，\; x_p = \frac{1}{s+a}u_p \tag{1}$$

(1) 式は，状態方程式では次のように表される．

$$\begin{cases} \dot{x}_p = -ax_p + u_p \\ y_p = (b-a)x_p + u_p \end{cases} \quad \begin{pmatrix} A_p = -a, & B_p = 1 \\ C_p = b-a, & D_p = 1 \end{pmatrix} \tag{2}$$

したがって，(2) 式より離散時間状態方程式は

$$\begin{cases} x_p(k+1) = F_p x_p(k) + G_p u_p(k) \\ y_p(k) = H_p x_p(k) + E_p u_p(k) \end{cases} \tag{3}$$

ただし，

$$F_p = e^{-aT},\quad G_p = \left(e^{-aT}-1\right)(-a)^{-1} = \frac{1-e^{-aT}}{a},\quad H_p = b-a,\quad E_p = 1 \tag{4}$$

したがって，(1.3-3) 式から z 変換が次のように得られる．

$$Y_p(z) = \left\{(b-a)\left(z-e^{-aT}\right)^{-1}\cdot\frac{1-e^{-aT}}{a}+1\right\}U_p(z) = \frac{z+(b/a)\left(1-e^{-aT}\right)-1}{z-e^{-aT}}U_p(z) \tag{5}$$

すなわち，z 平面の極・零点は次のようである．

$$極：z = e^{-aT},\quad 零点：z = 1-\frac{b\left(1-e^{-aT}\right)}{a} \tag{6}$$

例題 1.3.3　飛行機の離散時間運動解析

飛行機の縦系の微小擾乱運動方程式（含むアクチュエータ）を０次ホールド付き z 変換した場合について運動解析してみよう．

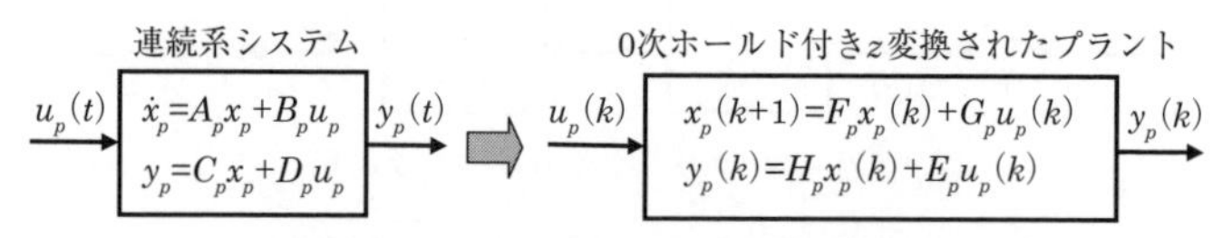

図 **1.3.3(a)**　飛行機の離散時間運動解析

図 1.3.3(b) に飛行機の縦系の運動の状態変数を示す．縦系の運動とは，重心の前後および上下の並進運動と重心まわりの回転運動である．具体的には，機体速度 V の x 軸方向速度 u，z 軸方向速度 w に対して $\tan^{-1}(w/u)$ が迎角 α である．回転運動はピッチ角速度 q で表し，水平から x 軸の姿勢角をピッチ角 θ で表す．縦系の運動は，u, α, q, θ の４つの状態変数を用いる．

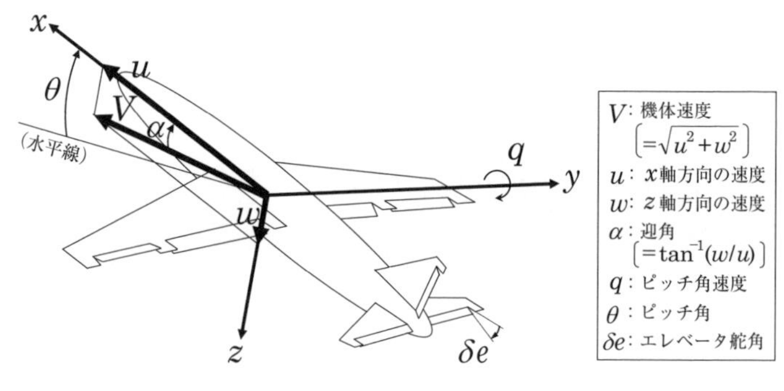

図 **1.3.3(b)**　飛行機運動の状態変数

ここでは，例として 70 名の乗客の旅客機について解析する．機体重量は 28（トン重），機体速度 V=86.8(m/s) である．ここでは，飛行機は縦系の微小擾乱運動方程式で表し，アクチュエータは２次遅れ形とする．運動方程式は (1) 式で与えられる [16)]．

$$\begin{bmatrix} \dot{u} \\ \dot{\alpha} \\ \dot{q} \\ \dot{\theta} \end{bmatrix} = \begin{bmatrix} X_u & X_\alpha & 0 & -\dfrac{g\cos\theta_0}{57.3} \\ \bar{Z}_u & \bar{Z}_\alpha & 1 & -\dfrac{g\sin\theta_0}{V} \\ M'_u & M'_\alpha & M'_q & M'_\theta \\ 0 & 0 & 1 & 0 \end{bmatrix} \begin{bmatrix} u \\ \alpha \\ q \\ \theta \end{bmatrix} + \begin{bmatrix} 0 \\ \bar{Z}_{\delta e} \\ M'_{\delta e} \\ 0 \end{bmatrix} \delta e \tag{1}$$

一方，エレベータアクチュエータは次式とする．

$$\delta e = \frac{\omega_a^2}{s^2 + 2\zeta_a\omega_a s + \omega_a^2} u_p \tag{2}$$

このとき，アクチュエータ付き飛行機の縦系の微小擾乱運動方程式は次のように表される．

$$\begin{bmatrix} \dot{u} \\ \dot{\alpha} \\ \dot{q} \\ \dot{\theta} \\ \dot{\delta}_e \\ \dot{x}_6 \end{bmatrix} = \begin{bmatrix} X_u & X_\alpha & 0 & -\dfrac{g\cos\theta_0}{57.3} & 0 & 0 \\ \bar{Z}_u & \bar{Z}_\alpha & 1 & -\dfrac{g\sin\theta_0}{V} & \bar{Z}_{\delta e} & 0 \\ M'_u & M'_\alpha & M'_q & M'_\theta & M'_{\delta e} & 0 \\ 0 & 0 & 1 & 0 & 0 & 0 \\ 0 & 0 & 0 & 0 & 0 & 1 \\ 0 & 0 & 0 & 0 & -\omega_a^2 & -2\zeta_a\omega_a \end{bmatrix} \begin{bmatrix} u \\ \alpha \\ q \\ \theta \\ \delta e \\ x_6 \end{bmatrix} + \begin{bmatrix} 0 \\ 0 \\ 0 \\ 0 \\ 0 \\ \omega_a^2 \end{bmatrix} u_p \tag{3}$$

いま，次のようにおく．

$$x_p = \begin{bmatrix} u \\ \alpha \\ q \\ \theta \\ \delta e \\ x_6 \end{bmatrix} \begin{matrix} \left.\begin{matrix} \\ \\ \\ \\ \end{matrix}\right\} \text{(機体ダイナミクス)} \\ \left.\begin{matrix} \\ \\ \end{matrix}\right\} \begin{matrix}\text{(アクチュエータ)} \\ \text{(2 次形 } \zeta - 0.7, \omega_a = 20 \text{(rad/s))} \end{matrix} \end{matrix} \tag{4}$$

このとき，連続系のプラントが次のように得られる．

$$\begin{cases} \dot{x}_p = A_p x_p + B_p u_p \\ y_p = C_p x_p \end{cases} \tag{5}$$

ただし，

$$A_p = \begin{pmatrix} -0.3258\mathrm{D}-01 & 0.7214\mathrm{D}-01 & 0.0000\mathrm{D}+00 & -0.1706\mathrm{D}+00 & 0.0000\mathrm{D}+00 & 0.0000\mathrm{D}+00 \\ -0.1492\mathrm{D}+00 & -0.9214\mathrm{D}+00 & 0.1000\mathrm{D}+01 & -0.8001\mathrm{D}-02 & -0.5710\mathrm{D}-01 & 0.0000\mathrm{D}+00 \\ 0.4568\mathrm{D}-01 & -0.1471\mathrm{D}+01 & -0.1215\mathrm{D}+01 & 0.2450\mathrm{D}-02 & -0.1864\mathrm{D}+01 & 0.0000\mathrm{D}+00 \\ 0.0000\mathrm{D}+00 & 0.0000\mathrm{D}+00 & 0.1000\mathrm{D}+01 & 0.0000\mathrm{D}+00 & 0.0000\mathrm{D}+00 & 0.0000\mathrm{D}+00 \\ 0.0000\mathrm{D}+00 & 0.0000\mathrm{D}+00 & 0.0000\mathrm{D}+00 & 0.0000\mathrm{D}+00 & 0.0000\mathrm{D}+00 & 0.1000\mathrm{D}+01 \\ 0.0000\mathrm{D}+00 & 0.0000\mathrm{D}+00 & 0.0000\mathrm{D}+00 & 0.0000\mathrm{D}+00 & -0.4000\mathrm{D}+03 & -0.2800\mathrm{D}+02 \end{pmatrix}$$

（DGT102.DAT）(6)

$$B_p = \begin{pmatrix} 0.0000\mathrm{D}+00 \\ 0.0000\mathrm{D}+00 \\ 0.0000\mathrm{D}+00 \\ 0.0000\mathrm{D}+00 \\ 0.0000\mathrm{D}+00 \\ 0.4000\mathrm{D}+03 \end{pmatrix} \tag{7}$$

$$C_p = \begin{pmatrix} 0.0000\mathrm{D}+00 & 0.0000\mathrm{D}+00 & 0.0000\mathrm{D}+00 & -0.1000\mathrm{D}+01 & 0.0000\mathrm{D}+00 & 0.0000\mathrm{D}+00 \\ 0.0000\mathrm{D}+00 & 0.0000\mathrm{D}+00 & -0.1000\mathrm{D}+01 & 0.0000\mathrm{D}+00 & 0.0000\mathrm{D}+00 & 0.0000\mathrm{D}+00 \end{pmatrix} \tag{8}$$

(5) 式の連続系の状態方程式の極・零点は次のようである.

```
POLES( 6), EIVMAX= 0.2000D+02
   N          REAL                 IMAG
   1  -0.14000000D+02   -0.14282857D+02   [0.7000E+00, 0.2000E+02]
   2  -0.14000000D+02    0.14282857D+02   周期 P(sec)=0.4399E+00
   3  -0.10746235D+01   -0.12059286D+01   [0.6653E+00, 0.1615E+01]
   4  -0.10746235D+01    0.12059286D+01   周期 P(sec)=0.5210E+01
   5  -0.98665318D-02   -0.12973169D+00   [0.7583E-01, 0.1301E+00]
   6  -0.98665318D-02    0.12973169D+00   周期 P(sec)=0.4843E+02
ZEROS( 2), II/JJ=1/1, G=-0.7456D+03
   N       REAL             IMAG
   1  -0.86326007D+00   0.00000000D+00
   2  -0.45658723D-01   0.00000000D+00
```

(9)

この極・零点を図示すると，図 **1.3.3(c)** のようになる．×印の極は３組の振動極である．このうち，実軸が－14(rad/s) の振動極はアクチュエータであるが，残りの２つの振動極のうち，実軸が－1.07(rad/s) の振動は短周期モード，もう１つの実軸が－0.0099(rad/s) の振動は長周期モードといわれる．左 45° ラインは振動極の減衰比が約 0.7 となる線を表している．長周期モードは非常に減衰が悪いことがわかる．

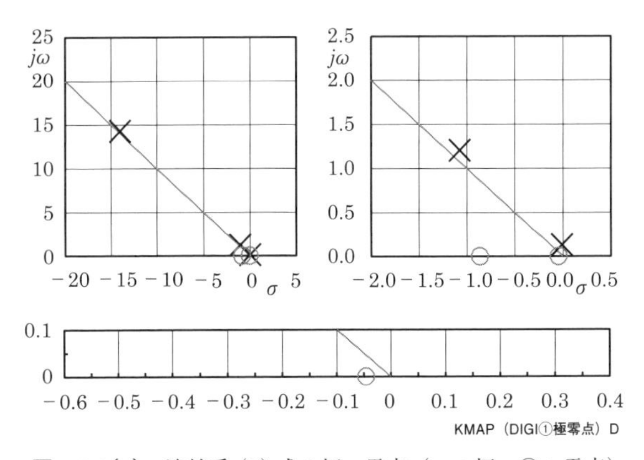

図 1.3.3(c)　連続系 (5) 式の極・零点（×：極，○：零点）
（CDES. ピッチ角制御 - 連続系 . 離散値系 3.Y200509.DAT）

(5) 式に示した連続系の状態方程式を用いて，まず連続系のシミュレーション計算してみよう．**図 1.3.3(d)** は，(5) 式の入力 $u_p = -1$ のステップ応答に対するシミュレーションである．入力 u_p を負としているのは，飛行機のエレベータ舵角 δe は引き舵を負と定義しているためである．エレベータ舵角 $-1°$ の操舵により，ピッチ角 θ が増加していくことがわかる．

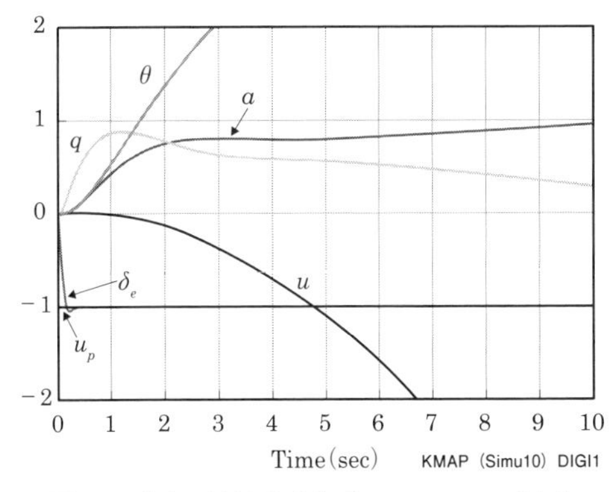

図 1.3.3(d)　連続系 (5) 式の u_p ステップ応答

さて，(5) 式の飛行機の連続系状態方程式に対して，0次ホールド付き z 変換は次式で与えられる．

$$\begin{cases} x_p(k+1) = F_p x_p(k) + G_p u_p(k) \\ y_p(k) = H_p x_p(k) \end{cases} \tag{10}$$

ただし，　$F_p = e^{ApT}$,　　$G_p = (e^{ApT} - I) A_p{}^{-1} B_p$,　　$H_p = C_p$　　(11)

サンプル時間は $T = 0.5$(s) とすると，4行列は次のようになる．

$$F_p = \begin{pmatrix} 0.9826D+00 & 0.3110D-01 & -0.1088D-01 & -0.8464D-01 & 0.1121D-02 & 0.3437D-04 \\ -0.5227D-01 & 0.5228D+00 & 0.2753D+00 & -0.2940D-03 & -0.3733D-01 & -0.1293D-02 \\ 0.3477D-01 & -0.4051D+00 & 0.4429D+00 & 0.5121D-03 & -0.6035D-01 & -0.2321D-02 \\ 0.8011D-02 & -0.1262D+00 & 0.3548D+00 & 0.1000D+01 & -0.4389D-01 & -0.1485D-02 \\ 0.0000D+00 & 0.0000D+00 & 0.0000D+00 & 0.0000D+00 & 0.1273D-02 & 0.4831D-04 \\ 0.0000D+00 & 0.0000D+00 & 0.0000D+00 & 0.0000D+00 & -0.1932D-01 & -0.8019D-04 \end{pmatrix} \tag{12}$$

$$G_p = \begin{pmatrix} 0.1919D-02 \\ -0.1442D+00 \\ -0.5939D+00 \\ -0.1419D+00 \\ 0.9987D+00 \\ 0.1932D-01 \end{pmatrix} \tag{13}$$

$$H_p = \begin{pmatrix} 0.0000D+00 & 0.0000D+00 & 0.0000D+00 & -0.1000D+01 & 0.0000D+00 & 0.0000D+00 \\ 0.0000D+00 & 0.0000D+00 & -0.1000D+01 & 0.0000D+00 & 0.0000D+00 & 0.0000D+00 \end{pmatrix} \tag{14}$$

このとき，離散時間状態方程式の極・零点は次のようである．

(15) $(T=0.5)$

```
POLES( 6)
  N        REAL               IMAG
  1   0.59615919D-03   -0.69001664D-03
  2   0.59615919D-03    0.69001664D-03
  3   0.48127746D+00   -0.33135825D+00
  4   0.48127746D+00    0.33135825D+00
  5   0.99298618D+00   -0.64501377D-01
  6   0.99298618D+00    0.64501377D-01
ZEROS( 5), II/JJ=1/1, G=0.1419D+00
  N        REAL               IMAG
  1  -0.13314000D+01    0.00000000D+00
  2  -0.12704861D-01    0.00000000D+00
  3   0.13121297D-02    0.00000000D+00
  4   0.64909538D+00    0.00000000D+00
  5   0.97743026D+00    0.00000000D+00
```

この極・零点の図を図 **1.3.3(e)** に示す.

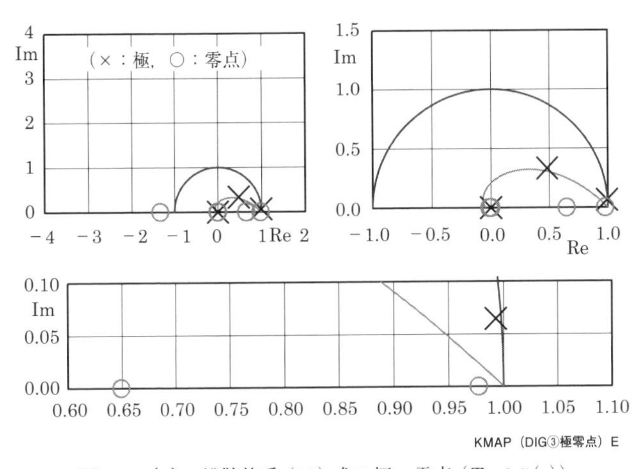

図 **1.3.3(e)**　離散値系 (10) 式の極・零点 $(T=0.5(\mathrm{s}))$

図 **1.3.3(f)** は, 入力 $u_p=-1$ のステップ応答に対する (10) 式の離散時間シミュレーション $(T=0.5(\mathrm{s}))$ である. 図 **1.3.3(d)** に示した連続系のシミュレーション結果と同じ結果となっていることがわかる. このように, 離散時間シミュレーションの結果が連続系と同じになるのは, ステップ入力に対する応答は 0 次ホー

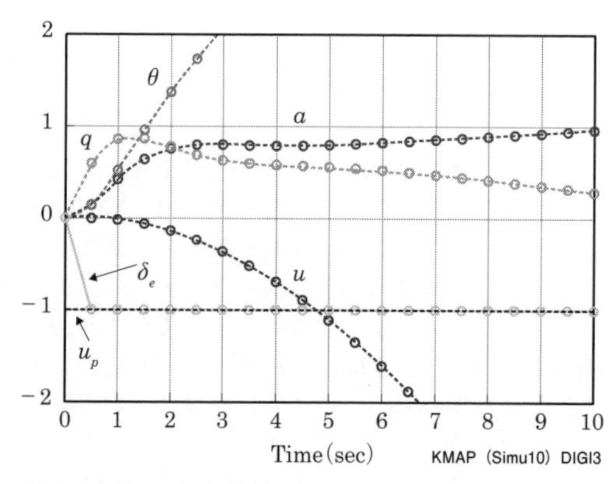

図 **1.3.3(f)**　離散時間シミュレーション（T=0.5(s)）

ルド付き z 変換は連続系の状態方程式においてサンプル時間 T だけ経過した状態を e^{AT} の関数により推定できることによる．

次に，サンプル時間 T によって，シミュレーション結果がどう変化するかみてみよう．サンプル時間を図 **1.3.3(f)** の T=0.5(s) から T=0.05(s) に小さくした場合のシミュレーション結果を図 **1.3.3(g)** に示す．シミュレーション結果は，T=0.5(s) の結果と同じであることがわかる．

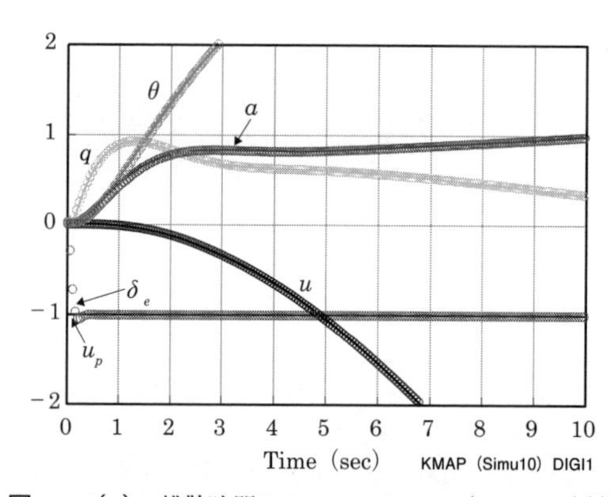

図 **1.3.3(g)**　離散時間シミュレーション（T=0.05(s)）

図 **1.3.3(h)** は，サンプル時間を図 1.3.3(e) の T=0.5(s) から T=0.05(s) に小さくした場合の極・零点である．サンプル時間によって変化していることがわかる．連続系から離散値系に変換すると，極・零点がどのように変化するのかみ

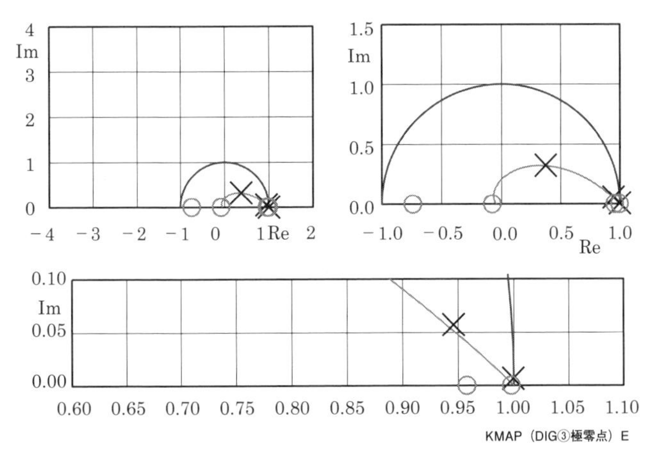

図 **1.3.3(h)**　離散値系（10）式の極・零点（$T=0.05$(s)）

てみよう．s 平面と z 平面との関係は次のようである．

$$s=\sigma+j\omega \quad \Rightarrow \quad z=e^{\sigma T}\cos\omega T + je^{\sigma T}\sin\omega T \tag{16}$$

（16）式の換算式を用いて，連続系の極・零点（（9）式）に対して $T=0.5$(s) の離散値系の極・零点を直接換算すると次のようになる．

直接換算（$T=0.5$）　　(17)

```
POLES( 6)
   N        REAL              IMAG
   1   0.59615916D-03  -0.69001665D-03
   2   0.59615916D-03   0.69001665D-03
   3   0.48127746D+00  -0.33135825D+00
   4   0.48127746D+00   0.33135825D+00
   5   0.99298618D+00  -0.64501377D-01
   6   0.99298618D+00   0.64501377D-01
ZEROS( 2), II/JJ=1/1, G=0.7456D+03
   N        REAL              IMAG
   1   0.64944960D+00   0.00000000D+00
   2   0.97742926D+00   0.00000000D+00
```

1.4　Tustin 変換による離散値化

図 1.4(a) に示すように，連続系で設計された制御則が 4 行列データによる状態方程式で表されているとき，**Tustin 変換**（**双 1 次変換**）により離散値化する．

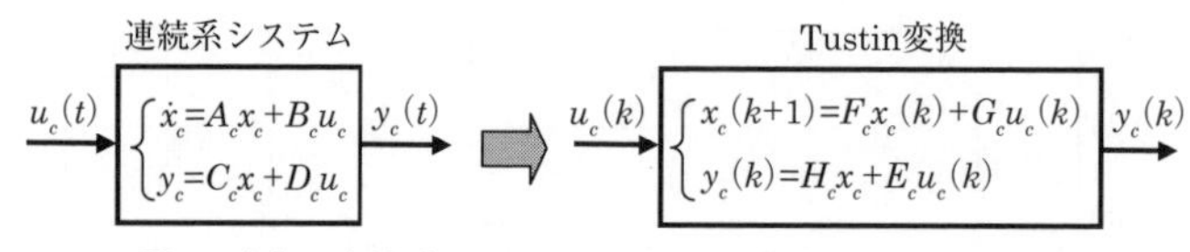

図 1.4(a)　連続系システムの Tustin 変換による離散値化

具体的な例題の検討に入る前に，制御則を設計する方法について述べる．制御則を設計する方法としては，大きく分類すると次の 2 つの方法がある．1 つは連続系のプラント（被制御系）に対して連続系の制御則を設計した後，制御則を離散値化してディジタル制御則を得るもの，もう 1 つはプラントを離散値化した後，ディジタル制御則を直接設計していく方法である．

前者の方法では，これまで蓄積された連続系の多くの制御設計手法を使うことができること，また連続系として得られた最良の設計結果を基に，制御則の離散値化による性能劣化を許容できる範囲でサンプル時間を設定することができるため無駄がないことである．

これに対して，後者の方法ではサンプル時間を最初に決定しておく必要があるため，性能が満足しない場合にはサンプル時間を変更して設計をやり直す必要がある．また，ディジタルフィードバック制御系を構成する際には，2.2 節で後述するように，AD，DA 変換やサンプラによる時間遅れを考慮する必要がある．ところが，後者の方法では制御則の設計時に時間遅れを考慮するのは複雑であるため，フィードバック制御系の構成時に時間遅れを考慮しないで設計する説明が多くの教科書で見られる．時間遅れを考慮しないフィードバック制御系では許容できるサンプル時間が甘くなることが考えられる．一方，前者の方法ではフィードバック制御系構成時に時間遅れは簡単に考慮できる（2.2 節参照）．

本書では，前者の方法を主として述べることとし，後者の方法については他書を参考願いたい．筆者は 50 年近く実際の航空機の制御設計に携わってきた．航空機の飛行制御則の設計においては，昔から前者の方法が採用されている．前者の方法の 1 つが次の関係式で離散値化する Tustin 変換の方法である.

$$\boxed{\frac{sT}{2}=\frac{z-1}{z+1}} \tag{1.4-1}$$

Tustin 変換による離散値化の方法を以下説明する.

いま, 連続系として設計された制御則が次の連続系の状態方程式で表されているとする.

$$\begin{cases}\dot{x}_c = A_c x_c + B_c u_c \\ y_c = C_c x_c + D_c u_c\end{cases} \tag{1.4-2}$$

ここで,

$$F_1 = I-\frac{A_cT}{2},\quad F_2 = I+\frac{A_cT}{2},\quad G_1=\frac{B_cT}{2} \tag{1.4-3}$$

とおいて, (1.4-1) 式により (1.4-2) 式を離散値化すると状態方程式が次のように表される.

$$\begin{cases}\tilde{x}_c(k+1)=F_c\tilde{x}_c(k)+G_cu_c(k) \\ y_c(k)=H_c\tilde{x}_c(k)+E_cu_c(k)\end{cases} \quad \boxed{\begin{array}{ll} F_c=F_1^{-1}F_2, & G_c=2F_1^{-2}G_1 \\ H_c=C_c, & E_c=D_c+C_cF_1^{-1}G_1 \\ F_1=I-\dfrac{A_cT}{2}, \quad F_2=I+\dfrac{A_cT}{2}, & G_1=\dfrac{B_cT}{2}\end{array}} \tag{1.4-4}$$

ここで,

$$x_c(k)=\tilde{x}_c(k)+F_1^{-1}G_1u_c(k) \tag{1.4-5}$$

である. したがって, 次の z 変換の式が得られる.

$$\boxed{\begin{array}{l} X_c(z)=\left\{(zI-F_c)^{-1}G_c+F_1^{-1}G_1\right\}\cdot U_c(z) \\ Y_c(z)=\left\{H_c(zI-F_c)^{-1}G_c+E_c\right\}U_c(z)\end{array}} \tag{1.4-6}$$

((1.4-4) 式～ (1.4-6) 式の導出は付録 (A1.4-13) 式～ (A1.4-15) 式参照)

例題 1.4.1　1 次遅れ（状態方程式から求める場合）

図 1.4.1(a) の 1 次遅れの場合を考えてみよう．

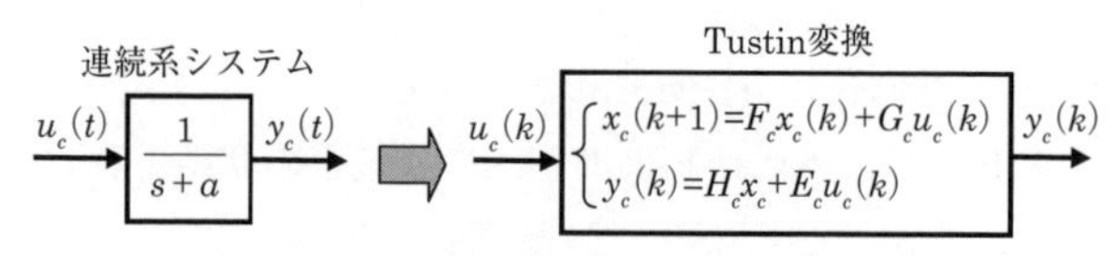

図 1.4.1(a)　連続系システムが 1 次遅れの場合

連続系システムの伝達関数は次式である．

$$\frac{y_c}{u_c}=\frac{1}{s+a} \tag{1}$$

(1) 式は，状態方程式では次のように表される．

$$\begin{cases} \dot{x}_c=-ax_c+u_c \\ y_c=x_c \end{cases} \quad \begin{pmatrix} A_c=-a, & B_c=1 \\ C_c=1, & D_c=0 \end{pmatrix} \tag{2}$$

したがって，(1.4-4) 式より

$$F_c=\frac{1-\dfrac{aT}{2}}{1+\dfrac{aT}{2}},\quad G_c=\frac{T}{\left(1+\dfrac{aT}{2}\right)^2},\quad H_c=1,\quad E_c=\frac{1}{1+\dfrac{aT}{2}}\cdot\frac{T}{2} \tag{3}$$

したがって，(1.4-6) 式から Tustin 変換が次のように得られる．

$$Y_c(z)=\left\{\left(z-\frac{1-\dfrac{aT}{2}}{1+\dfrac{aT}{2}}\right)^{-1}\cdot\frac{T}{\left(1+\dfrac{aT}{2}\right)^2}+\frac{1}{1+\dfrac{aT}{2}}\cdot\frac{T}{2}\right\}U_c(z) \tag{4}$$

ここで，

$$\frac{aT}{1+\dfrac{aT}{2}}=1-\frac{1-\dfrac{aT}{2}}{1+\dfrac{aT}{2}} \tag{5}$$

の関係を用いると，(4) 式は次のように変形できる．

$$Y_c(z)=\left\{\frac{1-\dfrac{1-\dfrac{aT}{2}}{1+\dfrac{aT}{2}}}{a\left(z-\dfrac{1-\dfrac{aT}{2}}{1+\dfrac{aT}{2}}\right)}+\frac{T}{2}\right\}\cdot\frac{1}{1+\dfrac{aT}{2}}\cdot U_c(z) \tag{6}$$

なお，(6) 式の Tustin 変換における応答と例題 1.3.1 の (4) 式の 0 次ホールドのある z 変換との特性を比較してみよう．

0 次ホールドのある z 変換における F は

$$F_p=e^{-aT}=1-aT+\frac{(aT)^2}{2}-\frac{(aT)^3}{6}+\cdots \tag{7}$$

これに対して，Tustin 変換における F は，(3) 式より

$$F_c=\left(1-\frac{aT}{2}\right)\Big/\left(1+\frac{aT}{2}\right)=1-aT+\frac{(aT)^2}{2}-\frac{(aT)^3}{4}+\cdots \tag{8}$$

である．(7) 式と (8) 式を比較すると，$(aT)^2$ のオーダで両者は一致することがわかる．

このとき，0 次ホールドのある z 変換の応答は例題 1.3.1 の (5) 式より

$$Y_p(z)=\frac{1-e^{-aT}}{a(z-e^{-aT})}U_p(z) \tag{9}$$

これに対して，Tustin 変換における応答は (6) 式に示すように，{} 内に第 2 項の分だけ位相が進んだ応答となっていることがわかる．また，ステップ応答の定常値（$z\to 1$ として）両者とも $1/a$ となり両者とも同じである．

例題 1.4.2　1 次遅れ（直接代入する場合）

例題 1.4.1 で求めた 1 次遅れの Tustin 変換を直接代入することで求めてみる．

$$\frac{y_c}{u_c}=\frac{1}{s+a} \tag{1}$$

ここで，次式

$$\frac{sT}{2}=\frac{z-1}{z+1}, \qquad \therefore s=\frac{2}{T}\cdot\frac{z-1}{z+1} \tag{2}$$

を (1) 式に代入すると

$$Y_c(z)=\frac{1}{\frac{2}{T}\cdot\frac{z-1}{z+1}+a}U_c(z)=\frac{z+1}{zf_1-f_2}\cdot\frac{T}{2}U_c(z), \tag{3}$$

ただし，$f_1=1+\frac{aT}{2}$，$f_2=1-\frac{aT}{2}$　(4)

ここで，(3) 式の右辺分子を下記で置き換える．

$$z+1=z-\frac{f_2}{f_1}+\frac{2}{f_1} \tag{5}$$

このとき，(3) 式は

$$Y_c(z)=\frac{z-f_2/f_1+2/f_1}{z-f_2/f_1}\cdot\frac{T}{2f_1}U_c(z) \tag{6}$$

$$\therefore\left(z-\frac{f_2}{f_1}\right)Y_c(z)=\left\{\left(z-\frac{f_2}{f_1}\right)\frac{T}{2f_1}+\frac{T}{f_1^2}\right\}U_c(z) \tag{7}$$

$$\therefore Y_c(z)=\left\{\left(z-\frac{f_2}{f_1}\right)^{-1}\frac{T}{f_1^2}+\frac{1}{f_1}\cdot\frac{T}{2}\right\}U_c(z) \tag{8}$$

(4) 式を代入すると，Tustin 変換の応答式が次式で与えられる．

$$Y_c(z)=\left\{\left(z-\frac{1-\frac{aT}{2}}{1+\frac{aT}{2}}\right)^{-1}\cdot\frac{T}{\left(1+\frac{aT}{2}\right)^2}+\frac{1}{1+\frac{aT}{2}}\cdot\frac{T}{2}\right\}U_c(z) \tag{9}$$

この式は，例題 1.4.1(4) 式と一致する．

例題 1.4.3　飛行機のピッチ角制御則を Tustin 変換

例題 1.3.3 にて検討した飛行機の縦系のダイナミクス（含むアクチュエータ）を用いて，まず，連続系のピッチ角制御系（**図 1.4.3(a)**）を設計する．次に，その設計された制御則を Tustin 変換により離散値化する．

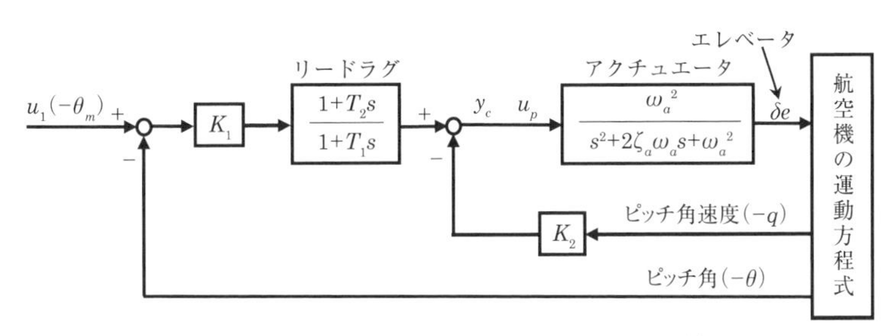

図 1.4.3(a)　飛行機のピッチ角制御系（連続系）

まず，図 1.4.3(a) の飛行機のピッチ角制御系を連続系にて設計する．飛行機のダイナミクスとアクチュエータは例題1.3.3(5) 式の6次の状態方程式を用いる．フィードバック変数はピッチ角 θ と安定化用のピッチ角速度 q である．図 1.4.3 (a) から制御則は連続系で次式である．

$$y_c=K_1\frac{1+T_2s}{1+T_1s}\left(\theta-\theta_m\right)+K_2q \tag{1}$$

図1.4.3(a) のブロック図に合うように (1) 式を次のように変形する．

$$u_1=\begin{bmatrix}-\theta_m\\0\end{bmatrix},\quad y_p=\begin{bmatrix}-\theta\\-q\end{bmatrix},\quad \therefore u_c=u_1-y_p=\begin{bmatrix}\theta-\theta_m\\q\end{bmatrix} \tag{2}$$

制御則の状態方程式および応答式は

$$x_c = \frac{1}{1+T_1 s} K_1 \left(\theta - \theta_m\right), \quad \therefore \dot{x}_c = -\frac{1}{T_1} x_c + \begin{bmatrix} K_1 \frac{1}{T_1} & 0 \end{bmatrix} u_c \tag{3}$$

$$y_c = \left(1 - \frac{T_2}{T_1}\right) x_c + \begin{bmatrix} K_1 \frac{T_2}{T_1} & K_2 \end{bmatrix} u_c \tag{4}$$

まとめると,

$$\begin{cases} \dot{x}_c = A_c x_c + B_c u_c \\ y_c = C_c x_c + D_c u_c \end{cases} \quad \boxed{\begin{array}{ll} A_c = -\dfrac{1}{T_1}, & B_c = \begin{bmatrix} K_1 \dfrac{1}{T_1} & 0 \end{bmatrix} \\ C_c = \left(1 - \dfrac{T_2}{T_1}\right), & D_c = \begin{bmatrix} K_1 \dfrac{T_2}{T_1} & K_2 \end{bmatrix} \end{array}} \tag{5}$$

文献 30）の方法を用いて，連続系にて最適化設計すると，フィードバックゲインおよび時定数が次のように得られた.

$$K_1 = 2.709, \quad K_2 = 0.6483, \quad T_1 = 6.342, \quad T_2 = 2.361 \tag{6}$$

このフィードバック制御系における連続系の状態方程式の θ/θ_m の極・零点を図 **1.4.3(b)** に示す．極が左 45° ライン上にあり安定な制御系であることがわかる.

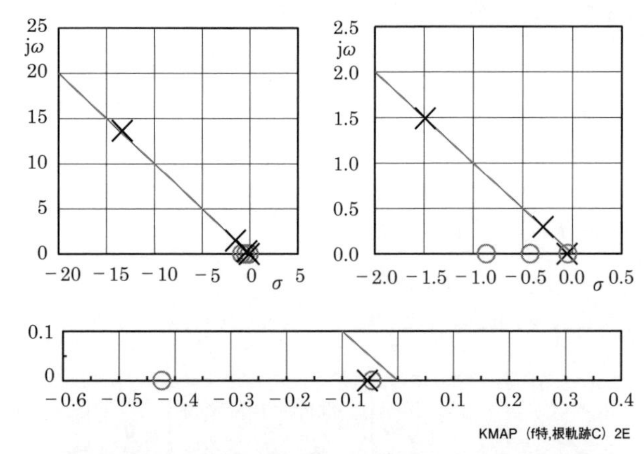

図 1.4.3(b)　ピッチ角制御系の θ/θ_m の極・零点（連続系）

CDES. ピッチ角制御 - 連続系 . 離散値系 4.Y200510.DAT

図 1.4.3(c) は θ/θ_m の閉ループの周波数特性，**図 1.4.3(d)** は開ループの周波数特性である．開ループの周波数特性からゲイン余裕は周波数 20.2(rad/s) で 27(dB)，位相余裕は周波数 1.1(rad/s) で 101(deg) であり，充分な安定余裕を有することがわかる．

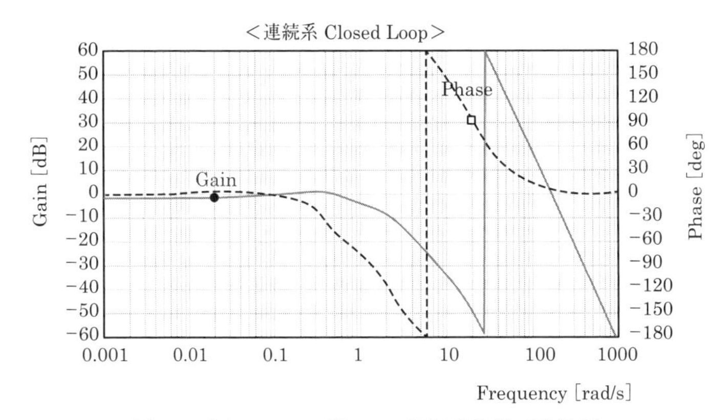

図 1.4.3(c)　θ/θ_m の閉ループ周波数特性（連続系）

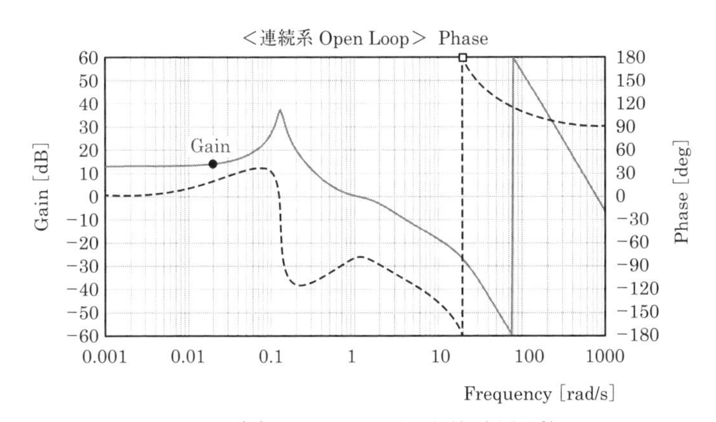

図 1.4.3(d)　開ループ周波数特性（連続系）

θ コマンド $\theta_m = 1°$ のステップ応答シミュレーションの結果を**図 1.4.3(e)** に示す．ピッチ角 θ がコマンド値 θ_m とほぼ一致する応答が得られたことがわかる．

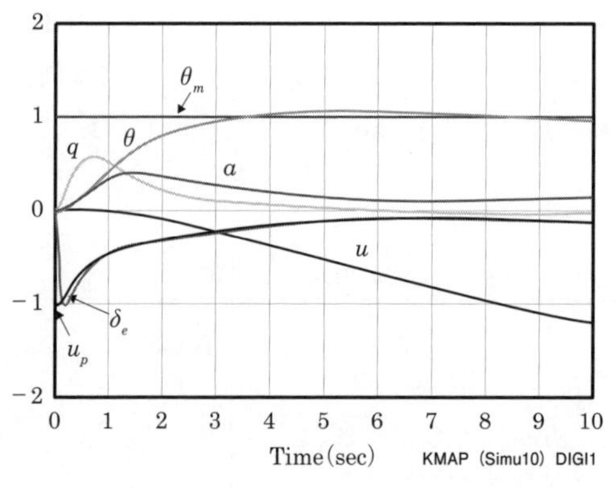

図 1.4.3(e)　θ コマンドシミュレーション（連続系）

(5) 式の連続系の状態方程式に，(6) 式のフィードバックゲインおよび時定数を代入すると，連続系制御則の4行列データは次のようになる．

$$\begin{cases} A_c = -0.1577, & B_c = \begin{bmatrix} 0.4272 & 0 \end{bmatrix} \\ C_c = 0.6277, & D_c = \begin{bmatrix} 1.009 & 0.6483 \end{bmatrix} \end{cases} \quad \text{(DGT103.DAT)} \tag{7}$$

以上で連続系の制御設計が完了したので，この連続系の制御則を Tustin 変換を行うと，次に示す離散系における状態方程式が得られる．

$$\begin{cases} \tilde{x}_c(k+1) = F_c\tilde{x}_c(k) + G_c u_c(k) \\ y_c(k) = H_c\tilde{x}_c(k) + E_c u_c(k) \end{cases} \tag{8}$$

ここで，サンプル時間を 0.5(秒) とすると，4行列データは次のように与えられる．

$$\begin{cases} F_c = 0.9241, & Gc = \begin{bmatrix} 0.1977 & 0 \end{bmatrix} \\ H_c = 0.6277, & E_c = \begin{bmatrix} 1.073 & 0.6483 \end{bmatrix} \end{cases} \tag{9}$$

＜Tustin 変換の利点等＞

連続系を離散値化する手法は各種考えられるが，Tustin 変換は次のような利点を持つために広く用いられている．

① 離散値化が簡単

$\frac{sT}{2}=\frac{z-1}{z+1}$ の置き換えでよい（上記例題 1.4.2 参照）

② カスケード法則が成り立つ

$G(s)=G_1(s)\cdot G_2(s)$ の場合，別々に Tustin 変換を行ってから掛け合わせればよい（①の $s\to z$ の置き換えが可能であることによる）.

z 変換の場合はこの法則は成立しない.

③ サンプラや計算時間などの遅れ要素を補償するような位相進み効果がある.

④ 周波数特性は，z 変換では $e^{Ts}=z$ の関係から $e^{j\omega T}$ で表されるため，**サンプリング周波数** $\omega_s=2\pi/T$ の 1/2 の周波数は**ナイキスト周波数**（$\omega_{nyq}=\pi/T$）といわれる．ナイキスト周波数以上の信号は再現できない．これは**サンプリング定理**といわれる．これに対して，Tustin 変換による離散値化はいかなるサンプル時間でもこの問題は生じない.

< Tustin 変換の注意事項 >

Tustin 変換の場合は，$(1+sT/2)/(1-sT/2)=z$ の関係から，周波数が高いところでは対応する連続系での周波数特性に対して周波数が歪む欠点がある．いま，連続系の場合の周波数を ω とし，Tustin 変換の場合の周波数を $\tilde{\omega}$ とすると，次のような関係がある.

$$j\omega=\frac{2}{T}\cdot\frac{e^{j\tilde{\omega}T}-1}{e^{j\tilde{\omega}T}+1},\quad \therefore\frac{\omega T}{2}=\tan\frac{\tilde{\omega}T}{2} \tag{1.4-7}$$

図 1.4(b) は，(1.4-7) 式の関係を示したものであるが，Tustin 変換によって周波数が変化することがわかる．もしこの影響が無視できないときは，連続系をあらかじめ補正（prewarping）しておく必要がある.

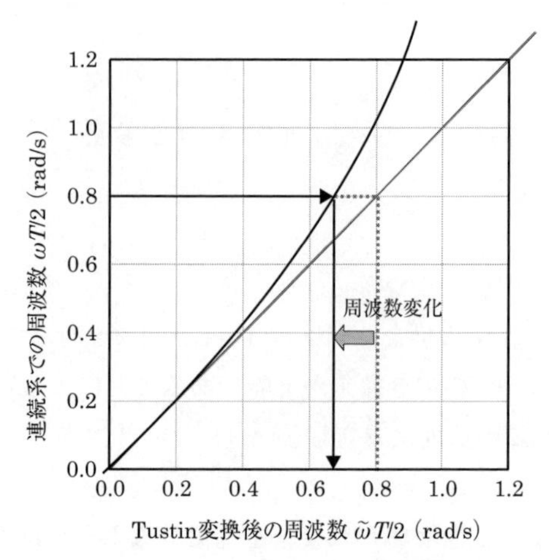

図 1.4(b)　Tustin 変換による周波数の変化

1.5　ラプラス s 平面と離散時間 z 平面との関係

連続系の解析で使われるラプラス s 平面と離散時間系の解析の z 平面との関係について述べる．

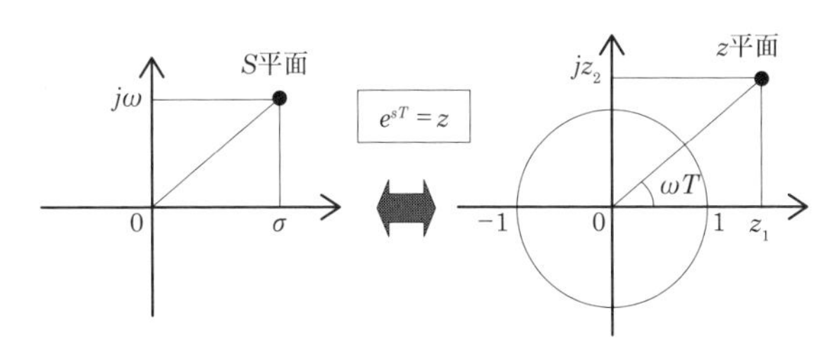

図 1.5 (a)　s 平面と離散時間 z 平面との関係

図 1.5(a) に示すラプラス s 平面と離散時間 z 平面とは次の関係がある．

$$e^{sT} = z \tag{1.5-1}$$

いま，s 平面上の点を

$$s = \sigma + j\omega \tag{1.5-2}$$

z 平面上の点を

$$z = z_1 + jz_2 \tag{1.5-3}$$

とすると，(1.5-1) 式から

$$e^{(\sigma + j\omega)T} = e^{\sigma T} e^{j\omega T} = z_1 + jz_2 \tag{1.5-4}$$

したがって，s 平面と z 平面との関係が次のように得られる．

$$\begin{cases} \sigma = \dfrac{1}{2T}\ln\left(z_1^2 + z_2^2\right) \\ \omega = \dfrac{1}{T}\tan^{-1}\dfrac{z_2}{z_1} \end{cases} \qquad \begin{cases} z_1 = e^{\sigma T}\cos\omega T \\ z_2 = e^{\sigma T}\sin\omega T \end{cases} \tag{1.5-5}$$

制御系の極の安定領域は，s 平面では左半面であるが，これに対応する z 平面は単位円の内部領域となる．ただし，z 平面で表現できる周波数範囲は，1.4 節で述べたようにナイキスト周波数 ($\omega_{nyq}=\pi/T$) の範囲内である．

$$\omega \le \frac{\pi}{T} \quad \begin{pmatrix} T=1/20\,(\text{秒})\ \text{では}\ \ \omega \le 62.8\,(\text{rad/s}) \\ T=1/40\,(\text{秒})\ \text{では}\ \omega \le 125.6\,(\text{rad/s}) \end{pmatrix} \tag{1.5-6}$$

さて，連続系においては極・零点を s 平面上に描いたとき，振動極の減衰比の参考となるのが**図 1.5(b)** に示す左 45°ラインである．s 平面上の連続系の振動極が左 45°ライン上にあると減衰比が 0.707 となり，ほとんど振動しない運動が得られる．すなわち，制御設計時に振動極を左 45°ライン上に配置することで良好な運動特性が得られる．この左 45°ラインを z 平面上で考えるとその対応曲線は次のように表される．

$$z = e^{-0.7071rT}\cos\left(0.7071rT\right) + je^{-0.7071rT}\sin\left(0.7071rT\right) \tag{1.5-7}$$

ただし，r は s 平面の左 45°ライン上の原点からの距離，T はサンプル時間である．この曲線を図 1.5(b) に示す．この曲線は rT の関数で曲線の形状は変化しないが，s 平面上の点（r の値）に対応する z 平面上の点はサンプル時間によって変化することがわかる．離散値系の制御設計においても極位置と左 45°ライン対応曲線との関係を確認しておくとよい．

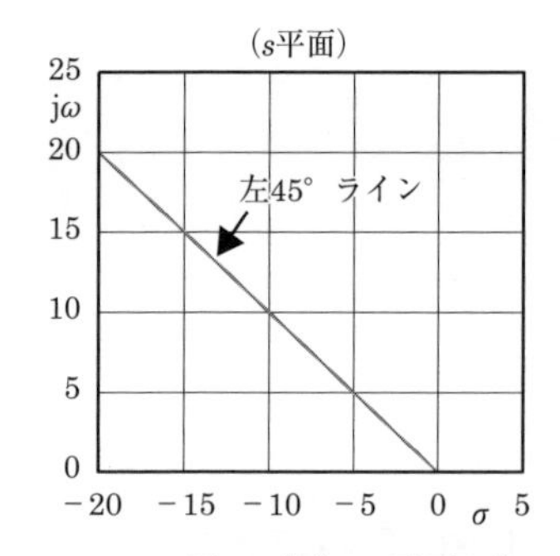

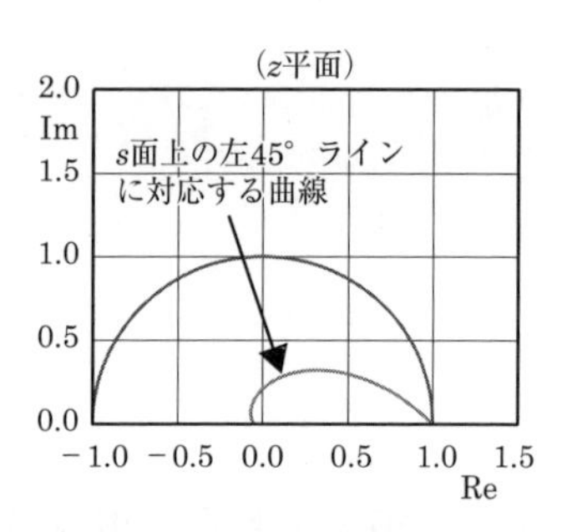

図 1.5(b)　s 平面の左 45°ラインと z 平面の対応曲線

s 平面と z 平面との関係をもう少し述べると，**表 1.5(a)**のようである．

表 1.5(a)　s 平面と z 平面の対応

s 平面	z 平面
原点	$z=1.0$ の点
虚軸	原点中心の単位円
$j\omega=j\pi/T$ の点	$z=-1.0$ の点
$s=-\infty$ の点	$z=0$ の点

連続系伝達関数リードラグについて，s 平面と z 平面との極・零点の関係を具体的にみてみよう．伝達関数は次式である．

$$y=\frac{s+3.5}{s+1.5}u=2x+u \quad \text{ただし，}\quad x=\frac{1}{s+1.5}u \tag{1.5-8}$$

この伝達関数の極は $s=-1.5$，零点は $s=-3.5$ である．
サンプル時間を次の 2 ケースで s 平面と z 平面の極・零点を比較する．

①サンプル時間 T=0.1 (s) のとき

0 次ホールド付き z 変換式の結果（例題 1.3.2 の (6) 式）から，

$$[\text{極}]\ z=e^{-1.5\times0.1}=0.8607\,,\ [\text{零点}]\ z=1-\frac{3.5\left(1-e^{-1.5\times0.1}\right)}{1.5}=0.6750 \tag{1.5-9}$$

一方，直接変換式 (1.5-1) 式から

$$[\text{極}]\ z=e^{-1.5\times0.1}=0.8607\,,\ [\text{零点}]\ z=e^{-3.5\times0.1}=0.7047 \tag{1.5-10}$$

このように，直接変換式は極については 0 次ホールド付き z 変換式と同じ式となるが，零点については精度が悪いことがわかる．これは，s 平面の限られた範囲 $\left(|\omega|\le\pi/T\right)$ を z 平面全体に写像していることによる．

②サンプル時間 T=0.01 (s) のとき

0 次ホールド付き z 変換式の結果から，

$$[\text{極}]\ z = e^{-1.5\times 0.01} = 0.9851,\ [\text{零点}]\ z = 1 - \frac{3.5\left(1 - e^{-1.5\times 0.01}\right)}{1.5} = 0.9653 \quad (1.5\text{-}11)$$

一方，直接変換式 (1.5-1) 式から

$$[\text{極}]\ z = e^{-1.5\times 0.01} = 0.9851,\ [\text{零点}]\ z = e^{-3.5\times 0.01} = 0.9656 \quad (1.5\text{-}12)$$

このように，サンプル時間を小さくすると，s 平面の限られた範囲が広がるため，直接変換式の零点の精度が向上することがわかる．

なお，ホールドなしの z 変換式の零点は，例題 1.2.2 (5) 式に示すように直接変換式の零点とは異なるので注意が必要である．

1.6　最短時間制御

制御対象が外乱などにより影響を受けたとき，最短時間で安定状態に戻す制御を行う方法について述べる．最短時間とは，制御対象の状態変数の次数と同じ回数の入力操作で実現することである．

例題 1.6.1　2次システムの最短時間制御 [1)]

図 1.6.1(a) に示すように，2次システムを0次ホールド付き z 変換した離散時間状態方程式を用いて，最短時間で状態変数を0にする入力 $u_p(k)$ を求めてみる．

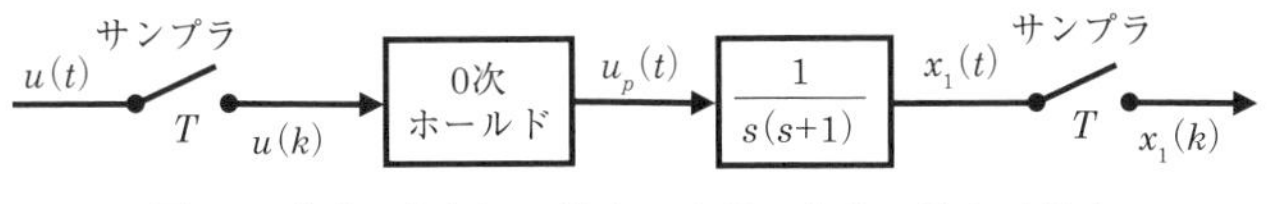

図 1.6.1(a)　入力に0次ホールドのある2次システム

2次システムの微分方程式は次式である．

$$\begin{cases} \dot{x}_1 = x_2 \\ \dot{x}_2 = -x_2 + u \end{cases} \tag{1}$$

プラントを状態方程式で表すと次のようになる．

$$\begin{vmatrix} \dot{x}_1 \\ \dot{x}_2 \end{vmatrix} = \begin{bmatrix} 0 & 1 \\ 0 & -1 \end{bmatrix} \begin{bmatrix} x_1 \\ x_2 \end{bmatrix} + \begin{bmatrix} 0 \\ 1 \end{bmatrix} u_p \quad \text{(DGT111.DAT)} \tag{2}$$

(2) 式をサンプル時間1秒として0次ホールド付き z 変換を行うと，(1.3-2) 式から離散時間状態方程式として次式が得られる．

$$x(k+1) = Fx(k) + Gu(k) \tag{3}$$

ここで，

$$F = \begin{bmatrix} 1 & 0.632 \\ 0 & 0.368 \end{bmatrix}, \quad G = \begin{bmatrix} 0.368 \\ 0.632 \end{bmatrix} \tag{4}$$

(2) 式の連続系システムの極（零点はなし）を図 **1.6.1(b)** に，(3) 式および (4) 式の離散値系システムの極・零点を図 **1.6.1(c)** に示す．

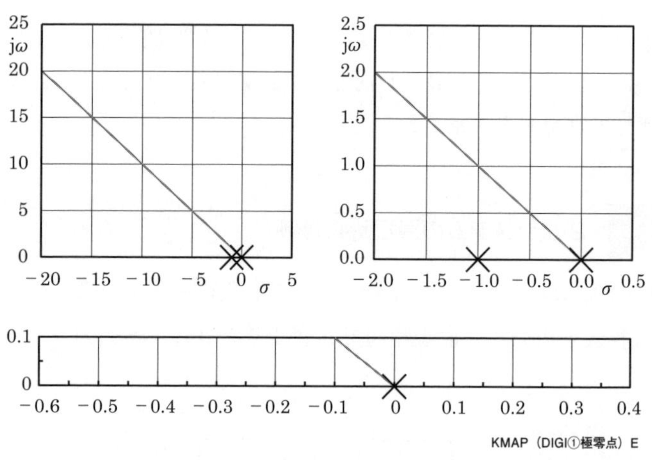

図 **1.6.1(b)**　入連続系システムの極（零点はなし）

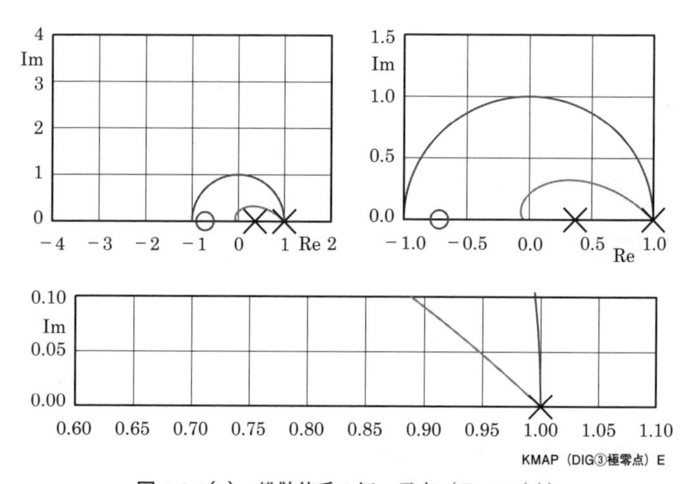

図 **1.6.1(c)**　離散値系の極・零点（T=1.0(s)）

さて，2 サンプルで $x=0$ に到達するとすると

$$\begin{cases} x(1) = Fx(0) + Gu(0) \\ x(2) = Fx(1) + Gu(1) = 0 \end{cases} \tag{5}$$

これから次式が得られる．

$$\begin{cases} x(0) = F^{-1}x(1) - F^{-1}Gu(0) \\ x(1) = -F^{-1}Gu(1) \end{cases} \tag{6}$$

この式の 2 番目の式を 1 番目に代入すると

$$x(0) = -F^{-2}Gu(1) - F^{-1}Gu(0) \tag{7}$$

$$\therefore x(0) = \begin{bmatrix} -F^{-1}G & -F^{-2}G \end{bmatrix} \cdot \begin{bmatrix} u(0) \\ u(1) \end{bmatrix} \tag{8}$$

これから次式が得られる．

$$\therefore \begin{bmatrix} u(0) \\ u(1) \end{bmatrix} = \begin{bmatrix} -F^{-1}G & -F^{-2}G \end{bmatrix}^{-1} x(0) \tag{9}$$

したがって，$x(0)$ の初期値を $[6 - 7]^T$ とすると，2 サンプルで $x = 0$ に到達する入力値が次のように得られる．

$$\therefore \begin{bmatrix} u(0) \\ u(1) \end{bmatrix} = \begin{bmatrix} -F^{-1}G & -F^{-2}G \end{bmatrix}^{-1} \begin{bmatrix} 6 \\ -7 \end{bmatrix} \tag{10}$$

この入力 2 サンプルによるシミュレーション結果を図 **1.6.1(d)** に示す．2 サンプルで x_1 および x_2 が 0 となっていることが確認できる．このように，2 次のシステムを 2 個の入力によって状態変数を 0 にすることができたが，この方法は最短時間制御といわれる．

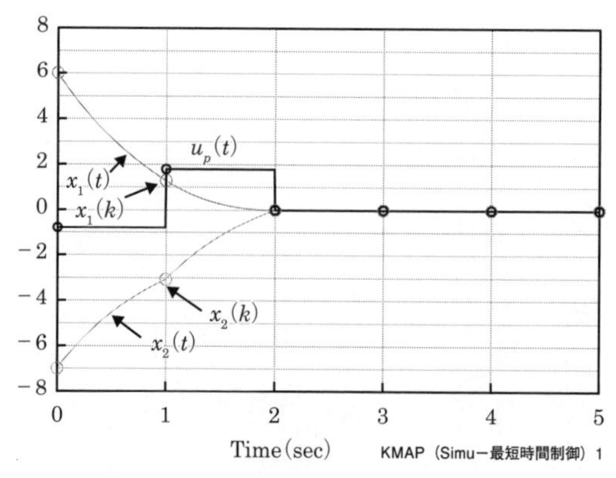

図 1.6.1(d)　最短時間制御（T = 1.0(s)）

例題 1.6.2　飛行機の最短時間制御

飛行機の運動が連続系の微小擾乱運動方程式で表されるとき，0 次ホールドのある場合に z 変換した離散時間状態方程式を用いて，最短時間で状態変数を 0 にする入力 $u_p(k)$ を求めよ．

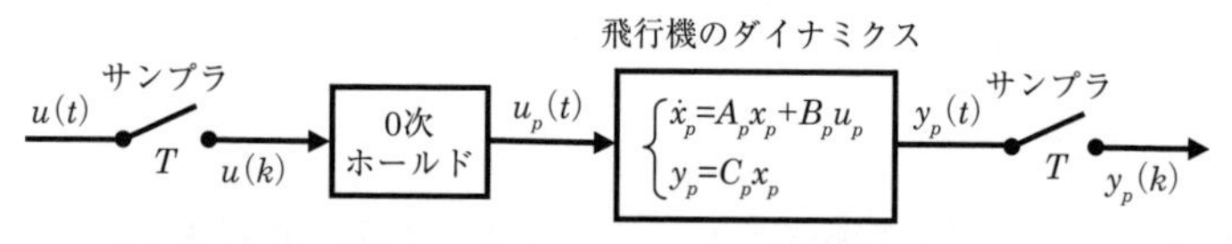

図 1.6.2(a)　入力に 0 次ホールドのある飛行機のダイナミクス

例題 1.3.3 にて検討した飛行機の縦系の状態方程式から，簡単のためアクチュエータは除いた 4 次の運動方程式を考える．

$$
\begin{cases} \dot{x}_p = A_p x_p + B_p u_p \\ y_p = C_p x_p, \end{cases} \qquad x_p = \begin{bmatrix} u \\ \alpha \\ q \\ \theta \end{bmatrix} \begin{matrix} \text{(速度)} \\ \text{(迎角)} \\ \text{(ピッチ角速度)} \\ \text{(ピッチ角)} \end{matrix} \tag{1}
$$

ただし，

$$A_p = \begin{pmatrix} -0.3258D-01 & 0.7214D-01 & 0.0000D+00 & -0.1706D+00 \\ -0.1492D+00 & -0.9214D+00 & 0.1000D+01 & -0.8001D-02 \\ 0.4568D-01 & -0.1471D+01 & -0.1215D+01 & 0.2450D-02 \\ 0.0000D+00 & 0.0000D+00 & 0.1000D+01 & 0.0000D+00 \end{pmatrix} \tag{2}$$

(DGT112.DAT)

$$B_p = \begin{pmatrix} 0.0000D+00 \\ -0.5710D-01 \\ -0.1864D+01 \\ 0.0000D+00 \end{pmatrix} \tag{3}$$

$$C_p = \begin{pmatrix} 0.0000D+00 & 0.0000D+00 & 0.1000D+01 & 0.0000D+00 \end{pmatrix} \tag{4}$$

(1) 式の連続系の状態方程式の極・零点は，(5) 式のようである．またこの極・零点を図示すると図 **1.6.2(b)**のようになる．

```
POLES( 4), EIVMAX=0.1615D+01
  N      REAL              IMAG
  1  -0.10746235D+01   0.12059286D+01  周期 P(sec)=0.5210E+01
  2  -0.10746235D+01  -0.12059286D+01 [ 0.6653E+00, 0.1615E+01]
  3  -0.98665318D-02  -0.12973169D+00 [ 0.7583E-01, 0.1301E+00]
  4  -0.98665318D-02   0.12973169D+00  周期 P(sec)=0.4843E+02
ZEROS( 3), II/JJ=1/1, G=-0.1864D+01
  N      REAL              IMAG
  1  -0.86326007D+00   0.00000000D+00 [-0.8633E+00]
  2  -0.45658723D-01   0.00000000D+00 [-0.4566E-01]
  3   0.00000000D+00   0.00000000D+00 [ 0.0000E+00]
```
(5)

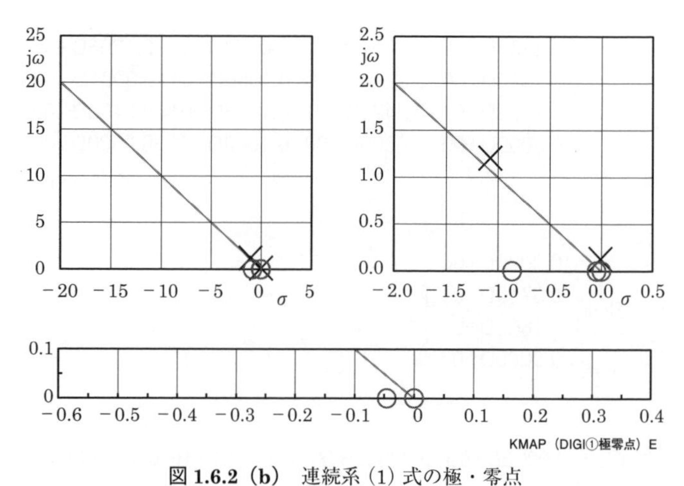

図 1.6.2（b）　連続系 (1) 式の極・零点

さて，(1) 式の連続系状態方程式に対して，0 次ホールド付き z 変換は次式で与えられる．

$$\begin{cases} x_p(k+1) = F_p x_p(k) + G_p u_p(k) \\ y_p(k) = H_p x_p(k) \end{cases} \tag{6}$$

ただし，$F_p = e^{A_pT}$,　　$G_p = \left(e^{A_pT} - I\right) A_p{}^{-1} B_p$,　　$H_p = C_p$　　(7)

サンプル時間は $T = 1.0\,(\mathrm{s})$ とすると，行列データは次のようになる．

$$F_p = \begin{pmatrix} 0.9627\mathrm{D}{+}00 & 0.6191\mathrm{D}{-}01 & -0.3698\mathrm{D}{-}01 & -0.1678\mathrm{D}{+}00 \\ -0.6912\mathrm{D}{-}01 & 0.1602\mathrm{D}{+}00 & 0.2664\mathrm{D}{+}00 & 0.4117\mathrm{D}{-}02 \\ 0.7075\mathrm{D}{-}01 & -0.3902\mathrm{D}{+}00 & 0.8444\mathrm{D}{-}01 & -0.2085\mathrm{D}{-}02 \\ 0.3482\mathrm{D}{-}01 & -0.3357\mathrm{D}{+}00 & 0.4773\mathrm{D}{+}00 & 0.1000\mathrm{D}{+}01 \end{pmatrix} \tag{8}$$

$$G_p = \begin{pmatrix} 0.2323\mathrm{D}{-}01 \\ -0.4566\mathrm{D}{+}00 \\ -0.8704\mathrm{D}{+}00 \\ -0.5808\mathrm{D}{+}00 \end{pmatrix} \tag{9}$$

$$H_p = \begin{pmatrix} 0.0000\mathrm{D}{+}00 & 0.0000\mathrm{D}{+}00 & 0.1000\mathrm{D}{+}01 & 0.0000\mathrm{D}{+}00 \end{pmatrix} \tag{10}$$

このとき，(6) 式の離散時間状態方程式の極・零点は次のようである．

$(T=1.0)$　　(11)

```
POLES( 4), EIVMAX=0.9902D+00
   N        REAL              IMAG
   1   0.12182970D+00   -0.31895051D+00
   2   0.12182970D+00    0.31895051D+00
   3   0.98186113D+00   -0.12809795D+00
   4   0.98186113D+00    0.12809795D+00
ZEROS( 3), II/JJ= 1/ 1, G=-0.8704D+00
   N        REAL              IMAG
   1   0.37121159D+00    0.00000000D+00
   2   0.95971981D+00    0.00000000D+00
   3   0.10000000D+01    0.00000000D+00
```

この極・零点の図を図 **1.6.2(c)** に示す．

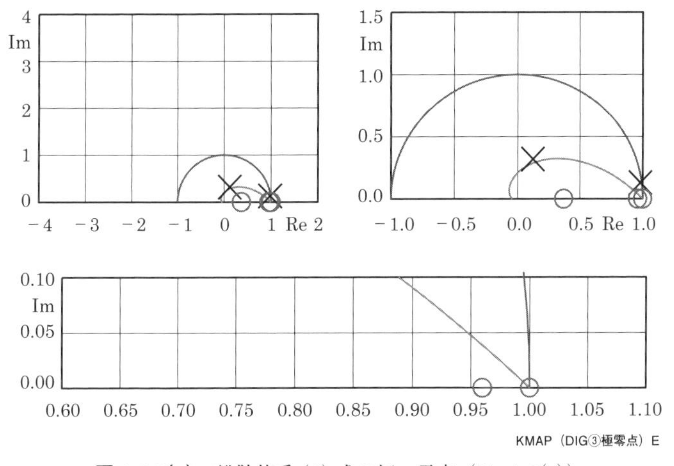

図 **1.6.2(c)**　離散値系 (6) 式の極・零点（$T=1.0$(s)）

さて，(6) 式の離散時間状態方程式を用いて，最短時間で状態変数を 0 にする入力 $u_p(k)$ を求める．(6) 式で，$k=0, 1,2, 3$ とおき，$k=4$ のときに $x_p(4)=0$ になると仮定する．

$$\begin{cases} x_p(1)=F_p x_p(0)+G_p u_p(0) \\ x_p(2)=F_p x_p(1)+G_p u_p(1) \\ x_p(3)=F_p x_p(2)+G_p u_p(2) \\ x_p(4)=F_p x_p(3)+G_p u_p(3)=0 \end{cases} \tag{12}$$

(12) 式を変形すると

$$\begin{cases} x_p(0) = F_p^{-1} x_p(1) - F_p^{-1} G_p u_p(0) \\ x_p(1) = F_p^{-1} x_p(2) - F_p^{-1} G_p u_p(1) \\ x_p(2) = F_p^{-1} x_p(3) - F_p^{-1} G_p u_p(2) \\ x_p(3) = -F_p^{-1} G_p u_p(3) \end{cases} \tag{13}$$

(13) 式の $x_p(0)$ の式に，$x_p(1)$ の式を代入すると

$$\begin{aligned} x_p(0) &= F_p^{-1} x_p(1) - F_p^{-1} G_p u_p(0) \\ &= F_p^{-2} x_p(2) - F_p^{-2} G_p u_p(1) - F_p^{-1} G_p u_p(0) \end{aligned} \tag{14}$$

同様に，この式に $x_p(2)$ の式を代入すると

$$x_p(0) = F_p^{-3} x_p(3) - F_p^{-3} G_p u_p(2) - F_p^{-2} G_p u_p(1) - F_p^{-1} G_p u_p(0) \tag{15}$$

同様に，この式に $x_p(3)$ の式を代入すると

$$x_p(0) = -F_p^{-4} G_p u_p(3) - F_p^{-3} G_p u_p(2) - F_p^{-2} G_p u_p(1) - F_p^{-1} G_p u_p(0) \tag{16}$$

(16) 式の $x_p(0)$ を状態変数要素で表すと次のようになる．

$$\begin{bmatrix} u(0) \\ \alpha(0) \\ q(0) \\ \theta(0) \end{bmatrix} = \begin{bmatrix} -F_p^{-1} G_p & -F_p^{-2} G_p & -F_p^{-3} G_p & -F_p^{-4} G_p \end{bmatrix} \cdot \begin{bmatrix} u_p(0) \\ u_p(1) \\ u_p(2) \\ u_p(3) \end{bmatrix} \tag{17}$$

(17) 式右辺の［ ］の逆行列を両辺にかけると，次式が得られる．

$$\begin{bmatrix} u_p(0) \\ u_p(1) \\ u_p(2) \\ u_p(3) \end{bmatrix} = \begin{bmatrix} -F_p^{-1} G_p & -F_p^{-2} G_p & -F_p^{-3} G_p & -F_p^{-4} G_p \end{bmatrix}^{-1} \cdot \begin{bmatrix} u(0) \\ \alpha(0) \\ q(0) \\ \theta(0) \end{bmatrix} \tag{18}$$

すなわち，(18) 式の右辺の状態変数 u, α, q, θ の初期値から求めたプラント入力 $u_p(k)$，$(k=0,1,2,3)$ を逐次操作することにより，状態変数を 0 に収束させることができる．ここでは，状態変数 u, α, q, θ の初期値を次の値とすると，(18) 式から入力 $u_p(k)$ $(k=0,1,2,3)$ が次のように得られる．

$$\begin{bmatrix} u(0) \\ \alpha(0) \\ q(0) \\ \theta(0) \end{bmatrix} = \begin{bmatrix} 2 \\ 3 \\ -1 \\ 4 \end{bmatrix} \quad \Rightarrow \quad \begin{bmatrix} u_p(0) \\ u_p(1) \\ u_p(2) \\ u_p(3) \end{bmatrix} = \begin{bmatrix} -12.7 \\ 19.8 \\ -5.57 \\ 1.99 \end{bmatrix} \tag{19}$$

入力 $u_p(k)\ (k=0,1,2,3)$ を逐次操作した場合の応答を図 **1.6.2(d)** に示す．4つの $u_p(k)$ の操作により，状態変数 u,α,q,θ が0に収束していることが確認できる．

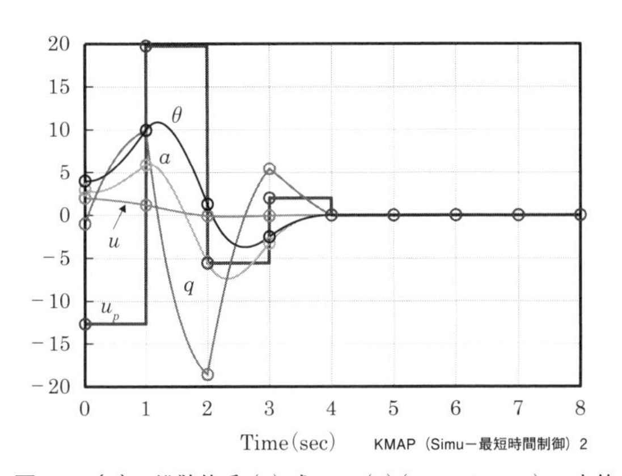

図 1.6.2(d)　離散値系 (6) 式の $u_p(k)\ (k=0, 1, 2, 3)$ の応答

このように，4次のシステムを4個の入力によって状態変数を0にすることができ，最短時間制御が実現している．ただし，図1.6.2(d) でわかるように，入力 $u_p(k)$ の値が非常に大きな値となっている．そこで，次の例題では，最短時間ではなくなるが入力操作点を増やして，入力の値を軽減することを検討する．

例題 1.6.3　飛行機の最短時間制御の入力値を軽減する

前例題1.6.2では，飛行機の運動について，0次ホールドのある場合に z 変換した離散時間状態方程式を用いて，最短時間で状態変数を0にする入力 $u_p(k)$ を求めた．しかし，入力の値が非常に大きな値となった．そこで，入力の数を増やして，入力の値を軽減することを考える．

例題1.6.2と同様に，0次ホールド付きz変換は次式である．

$$\begin{cases} x_p(k+1) = F_p x_p(k) + G_p u_p(k) \\ y_p(k) = H_p x_p(k) \end{cases} \tag{1}$$

最短時間制御の場合は，(1) 式の離散時間状態方程式を用いて，$k=0, 1, 2, 3$ における入力 $u(k)$ によって $x_p(4)=0$ になると仮定した．ここでは，入力を２点追加して $k=5$ まで使い $x_p(6)=0$ にすることを考える．すなわち，次式とする．

$$\begin{cases} x_p(1) = F_p x_p(0) + G_p u_p(0) \\ x_p(2) = F_p x_p(1) + G_p u_p(1) \\ \qquad \vdots \\ x_p(6) = F_p x_p(5) + G_p u_p(5) = 0 \end{cases} \tag{2}$$

(2) 式を変形すると

$$\begin{cases} x_p(0) = F_p^{-1} x_p(1) - F_p^{-1} G_p u_p(0) \\ x_p(1) = F_p^{-1} x_p(2) - F_p^{-1} G_p u_p(1) \\ \qquad \vdots \\ x_p(4) = F_p^{-1} x_p(5) - F_p^{-1} G_p u_p(4) \\ x_p(5) = -F_p^{-1} G_p u_p(5) \end{cases} \tag{3}$$

(3) 式の $x_p(0)$ の式に，$x_p(1)$ の式を代入すると

$$\begin{aligned} x_p(0) &= F_p^{-1} x_p(1) - F_p^{-1} G_p u_p(0) \\ &= F_p^{-2} x_p(2) - F_p^{-2} G_p u_p(1) - F_p^{-1} G_p u_p(0) \end{aligned} \tag{4}$$

同様に，次々に代入すると次式を得る．

$$\begin{aligned} x_p(0) = &-F_p^{-6} G_p u_p(5) - F_p^{-5} G_p u_p(4) - F_p^{-4} G_p u_p(3) \\ &- F_p^{-3} G_p u_p(2) - F_p^{-2} G_p u_p(1) - F_p^{-1} G_p u_p(0) \end{aligned} \tag{5}$$

ここで，$k=0, 1, \cdots, 5$ における入力 $u_p(k)$ のうち，$k=0, 1$ における入力を任意に与える．ここでは，次の値とする．

$$u_p(0) = -4, \qquad u_p(1) = 4 \tag{6}$$

このとき，(5) 式を変形すると

$$\begin{bmatrix} u(0) \\ \alpha(0) \\ q(0) \\ \theta(0) \end{bmatrix} = \begin{bmatrix} -F_p^{-3}G_p & -F_p^{-4}G_p & -F_p^{-5}G_p & -F_p^{-6}G_p \end{bmatrix} \cdot \begin{bmatrix} u_p(2) \\ u_p(3) \\ u_p(4) \\ u_p(5) \end{bmatrix} \begin{matrix} -F_p^{-1}G_p u_p(0) \\ -F_p^{-2}G_p u_p(1) \end{matrix} \tag{7}$$

(7) 式右辺の［ ］の逆行列を両辺にかけると，次式が得られる.

$$\begin{bmatrix} u_p(2) \\ u_p(3) \\ u_p(4) \\ u_p(5) \end{bmatrix} = \begin{bmatrix} -F_p^{-3}G_p & -F_p^{-4}G_p & -F_p^{-5}G_p & -F_p^{-6}G_p \end{bmatrix}^{-1} \cdot \left\{ \begin{bmatrix} u(0) \\ \alpha(0) \\ q(0) \\ \theta(0) \end{bmatrix} \begin{matrix} +F_p^{-1}G_p u_p(0) \\ +F_p^{-2}G_p u_p(1) \end{matrix} \right\} \tag{8}$$

すなわち，(8) 式の左辺のプラント入力 $u_p(k)$，$(k=2,3,4,5)$ を逐次操作することにより，状態変数 u,α,q,θ を初期値から 0 に収束させることができる.

いま，状態変数 u,α,q,θ の初期値を例題 1.6.2 と同じく次の値とすると，(8) 式を解いて，入力 $u_p(k)\,(k=2,3,4,5)$ が次のように得られる.

$$\begin{bmatrix} u(0) \\ \alpha(0) \\ q(0) \\ \theta(0) \end{bmatrix} = \begin{bmatrix} 2 \\ 3 \\ -1 \\ 4 \end{bmatrix} \Longrightarrow \begin{bmatrix} u_p(2) \\ u_p(3) \\ u_p(4) \\ u_p(5) \end{bmatrix} = \begin{bmatrix} 0.564 \\ 3.32 \\ -0.607 \\ 0.391 \end{bmatrix} \tag{9}$$

なお, $u_p(0)$ および $u_p(1)$ は任意の値で (6) 式である．このときのシミュレーション結果を図 **1.6.3(a)** に示す．6 つの $u_p(k)$ の操作により，状態変数 u,α,q,θ が 0 に収束していることが確認できる．また，図 1.6.2(d) の結果と比較すると，入力および応答ともに小さな値となっていることがわかる.

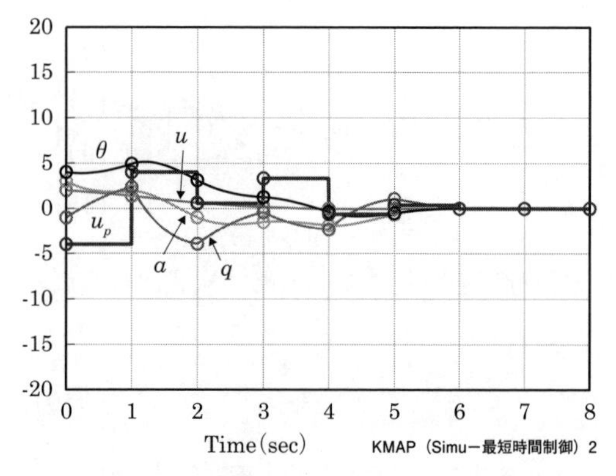

図 1.6.3(a)　離散値系 (1) 式の $u_p(k)$ 入力の応答

第2章　ディジタルフィードバック制御系

ディジタル制御において重要なフィードバック制御の基礎的事項について述べる．まず最初に連続系のフィードバック制御について復習した後，ディジタルフィードバック制御について述べる．

2.1　フィードバック制御系の状態方程式（連続系の場合）

離散値系のフィードバック制御系の検討の前に，比較のためまず図 **2.1(a)** に示す連続系のフィードバック制御系の状態方程式を求める．

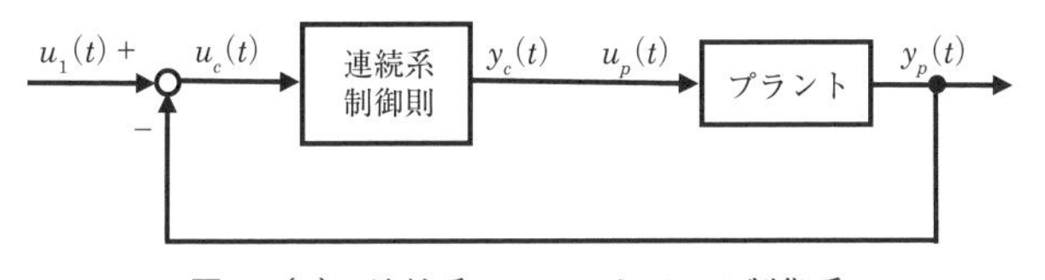

図 **2.1(a)**　連続系のフィードバック制御系

プラントの状態方程式は次式とする．

$$\begin{cases} \dot{x}_p(t) = A_p x_p(t) + B_p u_p(t) \\ y_p(t) = C_p x_p(t) + D_p u_p(t) \end{cases} \tag{2.1-1}$$

一方，連続系の制御則は次式とする．

$$\begin{cases} \dot{x}_c(t) = A_c x_c(t) + B_c u_c(t) \\ y_c(t) = C_c x_c(t) + D_c u_c(t) \end{cases} \tag{2.1-2}$$

図 2.1(a) から，結合式は次式である．

$$\begin{cases} u_p(t) = y_c(t) \\ u_c(t) = u_1(t) - y_p(t) \end{cases} \tag{2.1-3}$$

いま，次のベクトルを定義する．

$$x(t)=\begin{bmatrix} x_p(t) \\ x_c(t) \end{bmatrix}, \qquad y(t)=\begin{bmatrix} y_p(t) \\ y_c(t) \end{bmatrix} \tag{2.1-4}$$

このとき，連続系のフィードバック制御系の状態方程式が次のように得られる．

$$\begin{cases} \dot{x}(t)=A_o x(t)+B_o u_1(t) \\ y(t)=C_o x(t)+D_o u_1(t) \end{cases} \tag{2.1-5}$$

ここで，

$$A_o=\begin{bmatrix} A_p+B_pH_{21} & B_pH_{22} \\ -B_cH_{11} & A_c-B_cH_{12} \end{bmatrix}, \qquad B_o=\begin{bmatrix} B_pMD_c \\ B_c\left(I-D_pMD_c\right) \end{bmatrix}$$
$$C_o=\begin{bmatrix} H_{11} & H_{12} \\ H_{21} & H_{22} \end{bmatrix}, \qquad D_o=\begin{bmatrix} D_pMD_c \\ MD_c \end{bmatrix} \tag{2.1-6}$$
$$\begin{pmatrix} H_{11}=\left(I-D_pMD_c\right)C_p, & H_{12}=D_pMC_c \\ H_{21}=-MD_cC_p, & H_{22}=MC_c \end{pmatrix} \quad M=\left(I+D_cD_p\right)^{-1}$$

（(2.1-5) 式～(2.1-6) 式の導出は付録(A2.1-13) 式～(A2.1-14) 式参照）

（DOVRAL6 で使用）

プラントの D_p が 0 の場合に次のように簡単になる．

$$A_o=\begin{bmatrix} A_p-B_pD_cC_p & B_pC_c \\ -B_cC_p & A_c \end{bmatrix}, \qquad B_o=\begin{bmatrix} B_pD_c \\ B_c \end{bmatrix}$$
$$C_o=\begin{bmatrix} C_p & 0 \\ -D_cC_p & C_c \end{bmatrix}, \qquad D_o=\begin{bmatrix} 0 \\ D_c \end{bmatrix} \tag{2.1-7}$$

これらの式は，以下の例題の中でディジタルフィードバック制御との性能比較時に用いられる．

次に，フィードバック制御系の開（オープン）ループの特性方程式を求めてみよう．

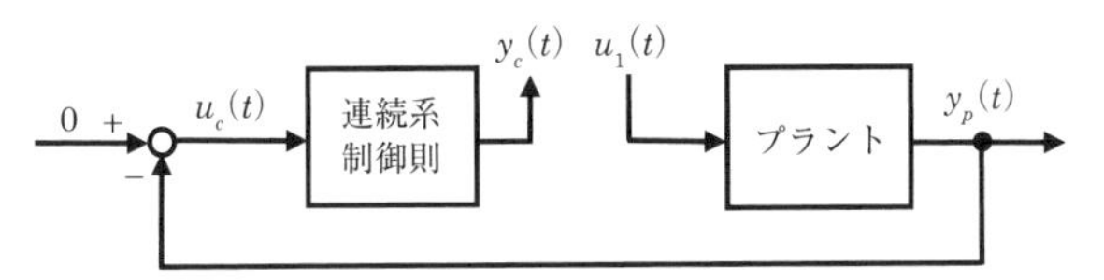

図 2.1(b)　フィードバック制御系の開（オープン）ループ

図 2.1(b) は，フィードバック制御系のプラントの入力端で切った状態を示している．ここで，入力を $u_1(t)$，出力を $y_c(t)$ としたときの開ループの状態方程式を求める．プラントの状態方程式は (2.1-1) 式，制御則は (2.1-2) 式である．結合式は, (2.1-3) 式と異なり次式である．

結合式は次式である．

$$\begin{cases} u_p(t) = u_1(t) \\ u_c(t) = -y_p(t) \end{cases} \tag{2.1-8}$$

このとき，開ループの状態方程式が次のように得られる．

$$\begin{cases} \dot{x}(t) = A_o x(t) + B_o u_1(t) \\ y_c(t) = C_o x(t) + D_o u_1(t) \end{cases} \quad \left(x(t) = \begin{bmatrix} x_p(t) \\ x_c(t) \end{bmatrix} \right) \tag{2.1-9}$$

ここで,

$$\boxed{\begin{array}{ll} A_o = \begin{bmatrix} A_p & 0 \\ -B_c C_p & A_c \end{bmatrix}, & B_o = \begin{bmatrix} B_p \\ -B_c D_p \end{bmatrix} \\ C_o = \begin{bmatrix} -D_c C_p & C_c \end{bmatrix}, & D_o = \begin{bmatrix} -D_c D_p \end{bmatrix} \end{array}} \tag{2.1-10}$$

（(2.1-9) 式～(2.1-10) 式の導出は付録 (A2.1-25) 式～(A2.1-26) 式参照）

（DOV6OPN で使用）

2.2　ディジタルフィードバック制御系の状態方程式

図 **2.2(a)** に示すディジタルフィードバック制御系の状態方程式を求める．

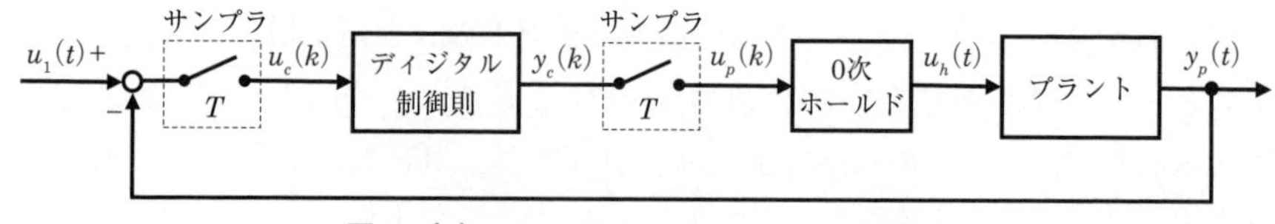

図 **2.2(a)**　ディジタルフィードバック制御系

プラントは0次ホールド付き z 変換された次式とする．

$$\begin{cases} x_p(k+1) = F_p x_p(k) + G_p u_p(k) \\ y_p(k) = H_p x_p(k) + E_p u_p(k) \end{cases} \tag{2.2-1}$$

一方，ディジタル制御則は Tustin 変換された次式とする．

$$\begin{cases} \tilde{x}_c(k+1) = F_c \tilde{x}_c(k) + G_c u_c(k) \\ y_c(k) = H_c \tilde{x}_c(k) + E_c u_c(k) \end{cases} \tag{2.2-2}$$

ディジタルフィードバック制御系における情報の流れは，図 2.2(a) に示すように，センサによって計測されたプラントの状態がアナログ→ディジタル変換（AD 変換）されてディジタル計算機に保存される．そのデータはサンプラを介してサンプル時間ごとにデータが計算機内の演算装置に送信される．演算装置内では，入力されたデータを用いてディジタル制御則の演算が実施されるが，ここでも演算に必要な時間遅れが生じる．

一方，ディジタル演算結果はディジタル→アナログ変換（DA 変換）されて出力装置に保存される．そのデータはサンプラを介してサンプル時間ごとにデータが取り出されるが，このときにデータは0次ホールド回路によりサンプル時間ごとの一定値のデータがプラントに出力される．

以上のように，ディジタルフィードバック制御系においては，制御系全体の結合式は上記のデータ転送の時間遅れを考慮する必要がある．ここでは簡単のためサンプラで1サンプルずつ遅れると仮定する．

$$\begin{cases} u_c(k+1) = u_1(k) - y_p(k) \\ u_p(k+1) = y_c(k) \end{cases} \tag{2.2-3}$$

(2.2-3) 式に (2.2-1) 式および (2.2-2) 式を代入すると

$$\begin{cases} u_c(k+1) = u_1(k) - H_p x_p(k) - E_p u_p(k) \\ u_p(k+1) = H_c \tilde{x}_c(k) + E_c u_c(k) \end{cases} \tag{2.2-4}$$

これらの関係式 (2.2-1) 式, (2.2-2) 式および (2.2-4) 式をまとめると次のようになる.

$$\begin{bmatrix} x_p(k+1) \\ \tilde{x}_c(k+1) \\ u_p(k+1) \\ u_c(k+1) \end{bmatrix} = \begin{bmatrix} F_p & 0 & G_p & 0 \\ 0 & F_c & 0 & G_c \\ 0 & H_c & 0 & E_c \\ -H_p & 0 & -E_p & 0 \end{bmatrix} \cdot \begin{bmatrix} x_p(k) \\ \tilde{x}_c(k) \\ u_p(k) \\ u_c(k) \end{bmatrix} + \begin{bmatrix} 0 \\ 0 \\ 0 \\ I \end{bmatrix} u_1(k) \tag{2.2-5}$$

$$\begin{bmatrix} y_p(k) \\ y_c(k) \end{bmatrix} = \begin{bmatrix} H_p & 0 & E_p & 0 \\ 0 & H_c & 0 & E_c \end{bmatrix} \cdot \begin{bmatrix} x_p(k) \\ \tilde{x}_c(k) \\ u_p(k) \\ u_c(k) \end{bmatrix} + \begin{bmatrix} 0 \\ 0 \end{bmatrix} u_1(k) \tag{2.2-6}$$

すなわち, ディジタルフィードバック制御系が次のように得られる.

$$\begin{cases} x(k+1) = F_o x(k) + G_o u_1(k) \\ y(k) = H_o x(k) + E_o u_1(k) \end{cases} \quad \left(x(k) = \begin{bmatrix} x_p(k) \\ \tilde{x}_c(k) \\ u_p(k) \\ u_c(k) \end{bmatrix}, \quad y(k) = \begin{bmatrix} y_p(k) \\ y_c(k) \end{bmatrix} \right) \tag{2.2-7}$$

ここで,

$$F_o = \begin{bmatrix} F_p & 0 & G_p & 0 \\ 0 & F_c & 0 & G_c \\ 0 & H_c & 0 & E_c \\ -H_p & 0 & -E_p & 0 \end{bmatrix}, \quad G_o = \begin{bmatrix} 0 \\ 0 \\ 0 \\ I \end{bmatrix}$$
$$H_o = \begin{bmatrix} H_p & 0 & E_p & 0 \\ 0 & H_c & 0 & E_c \end{bmatrix}, \quad E_o = \begin{bmatrix} 0 \\ 0 \end{bmatrix} \qquad (2.2\text{-}8)$$

(DOVRALD3, DOV3OPN で使用)

である．

例題 2.2.1　飛行機のピッチ角ディジタル制御系

例題 1.3.3 において，飛行機の縦系の微小擾乱運動方程式（含むアクチュエータ）を 0 次ホールド付き z 変換して離散時間状態方程式（(10) 式）を求めた．また，例題 1.4.3 において，連続系のピッチ角制御系を設計し，その設計された制御則を Tustin 変換により離散時間状態方程式（(8) 式）を求めた．ここでは，それらの状態方程式を用いて，2.2 節のディジタルフィードバック制御系を構成する方法により，**図 2.2.1(a)** に示すピッチ角ディジタル制御系を解析する．

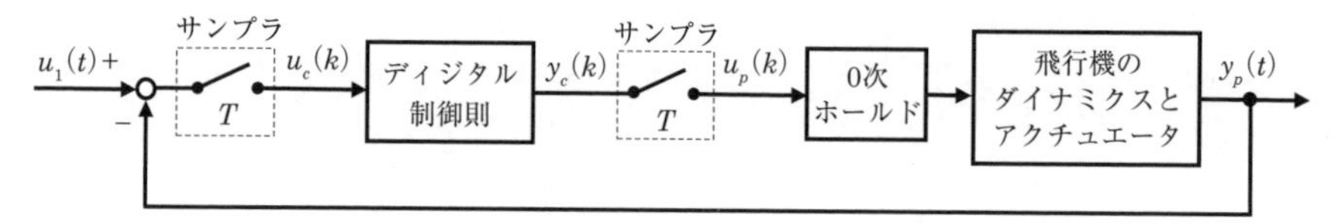

図 2.2.1(a)　飛行機のピッチ角ディジタル制御系

例題 1.3.3 にて検討した飛行機の縦系の状態方程式と状態変数は次のようである．エレベータの舵面アクチュエータは 2 次形の 20(rad/s) である．

$$\begin{cases} \dot{x}_p = A_p x_p + B_p u_p \\ y_p = C_p x_p, \end{cases} \qquad x_p = \begin{bmatrix} u \\ \alpha \\ q \\ \theta \\ \delta e \\ x_6 \end{bmatrix} \begin{matrix} \left.\right\} \text{(機体ダイナミクス)} \\ \left.\right\} \text{(アクチュエータ)} \\ \text{(2 次形 } \zeta = 0.7,\ \omega = 20\text{(rad/s))} \end{matrix} \qquad (1)$$

この連続系の状態方程式の行列データは，例題 1.3.3 の (6) 式～(8) 式に示したものを用いる．この状態方程式について，0次ホールド付きz変換を行うとプラント（飛行機）の離散時間状態方程式が次のように得られる．

$$\begin{cases} x_p(k+1) = F_p x_p(k) + G_p u_p(k) \\ y_p(k) = H_p x_p(k) \end{cases} \tag{2}$$

ここで，$T=0.5$(s) の行列データは例題1.3.3の（12）式～（14）式である．

一方，ディジタル制御則は，1.4節（1.4-4）式の次式で与えられる．

$$\begin{cases} \tilde{x}_c(k+1) = F_c \tilde{x}_c(k) + G_c u_c(k) \\ y_c(k) = H_c \tilde{x}_c(k) + E_c u_c(k) \end{cases} \quad \text{(DGT201.DAT)} \tag{3}$$

ここで，4行列データは例題1.4.3の（9）式である．

さて，サンプル時間は以下の2つのケースについて検討しよう．

<T=0.5(s) の場合>

離散時間プラントとディジタル制御則を用いて，図2.2.1(a)のピッチ角ディジタル制御系を（2.2-7）式の方法により求める．サンプル時間$T=0.5$(s)として状態方程式を求め，極・零点を計算すると（4）式のようになる．

(T=0.5)　　　　(4)

```
POLES(10)
 N        REAL              IMAG
 1 -0.47401091D+00   0.00000000D+00
 2 -0.19833278D+00   0.00000000D+00
 3  0.00000000D+00   0.00000000D+00
 4  0.59888018D-03   0.00000000D+00
 5  0.44226817D+00   0.00000000D+00
 6  0.74853653D+00  -0.61268312D+00
 7  0.74853653D+00   0.61268312D+00
 8  0.81640121D+00  -0.15605771D+00
 9  0.81640121D+00   0.15605771D+00
10  0.97346151D+00   0.00000000D+00
ZEROS( 7), II/JJ=1/1, G=0.1523D+00
 N        REAL              IMAG
 1 -0.13314000D+01   0.00000000D+00
 2 -0.12704861D-01   0.00000000D+00
 3  0.00000000D+00   0.00000000D+00
 4  0.13121297D-02   0.00000000D+00
 5  0.64909538D+00   0.00000000D+00
 6  0.80856406D+00   0.00000000D+00
 7  0.97743026D+00   0.00000000D+00
```

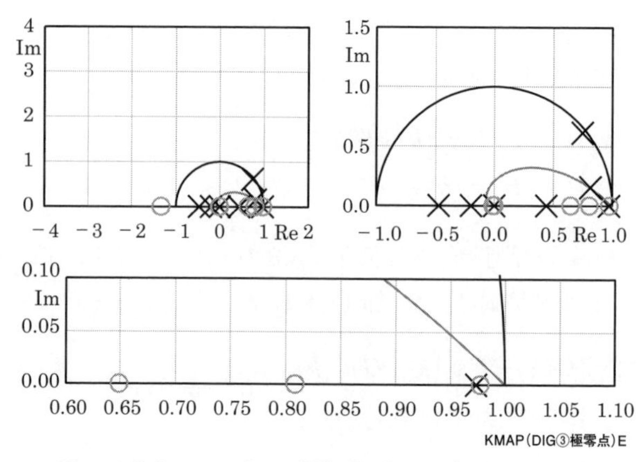

図 **2.2.1(b)**　ディジタル制御系の極・零点（T=0.5(s)）

図 2.2.1(b) は，極・零点を図示したものである．z 平面の単位円の円周近くに極があることから，減衰の弱い運動があることがわかる．図 2.2.1(b) の z 平面の極・零点を，1.5 節に述べた s 平面と z 平面の関係式によって，s 平面における対応する極・零点を図示すると**図 2.2.1(c)** のようになる．周波数 1.4(rad/s) の減衰の弱い振動極（減衰比 0.048）があることがわかる．

図 2.2.1(d) は，実際に θ コマンド $\theta_m = 1°$ のステップ応答シミュレーションの結果である．予想どおり，周期 4.5（秒）の減衰の弱い振動が発生していることがわかる．なお，図 2.2.1(d) における実線は，エレベータ舵角 δe による連続系の飛行機の運動計算結果であるが，○印の離散値系の計算結果と一致している

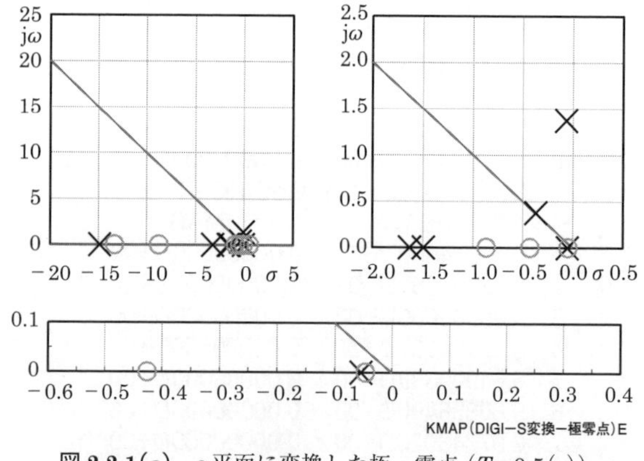

図 **2.2.1(c)**　s 平面に変換した極・零点（T=0.5(s)）

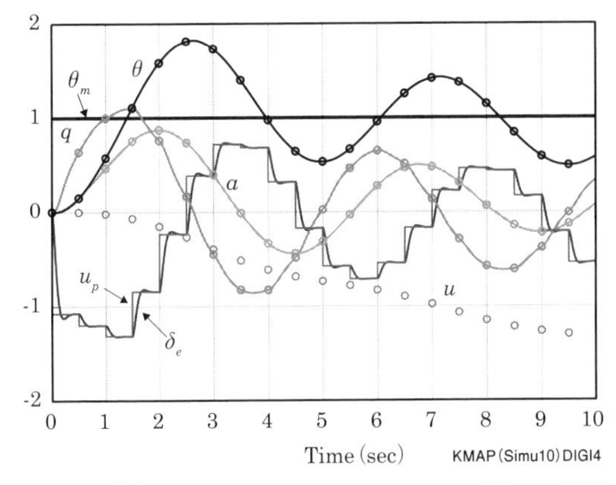

図 **2.2.1(d)** θ コマンドシミュレーション（T=0.5(s)）

ことが確認できる.

図 2.2.1(e) は θ/θ_m の閉ループの周波数特性である. 周波数はナイキスト周波数 ($\omega_{nyq}=\pi/T$) 6.28(rad/s) まで表示している. 周波数 1.4(rad/s) 付近でゲインが急激に増加していることがわかる.

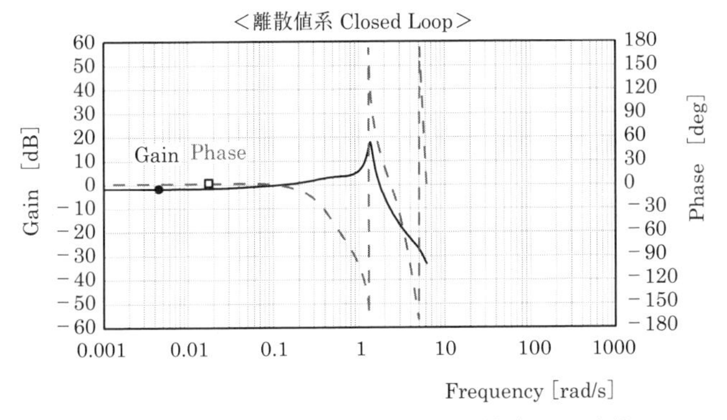

図 **2.2.1(e)** θ/θ_m の閉ループ周波数特性（T=0.5(s)）

図 2.2.1(f) は, 開ループの周波数特性である. ゲイン余裕は周波数 1.4(rad/s) で 5.3(dB) である. なお, ゲインは 0 (dB) 以下であり位相余裕量は算出できない.

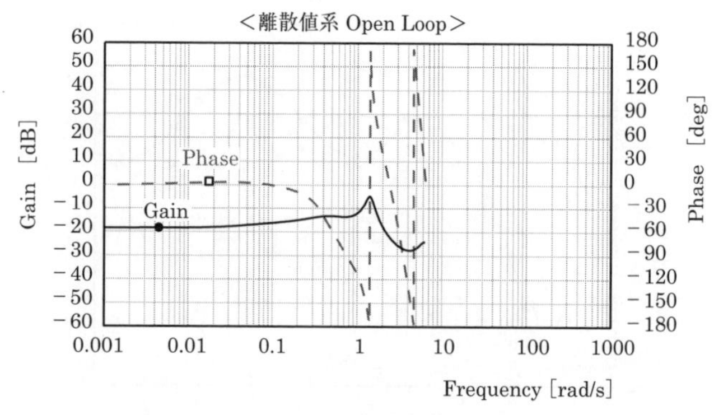

図 **2.2.1(f)**　開ループ周波数特性（$T=0.5$(s)）

<$T=0.05$(s) の場合>

次に，サンプル時間を 1/10 に小さくした $T=0.05$(s) とした場合の結果を示す．**図 2.2.1(g)** は極・零点であるが，$T=0.5$(s) のときに単位円近くあった極はなくなっており，減衰の弱い振動極はないことがわかる．

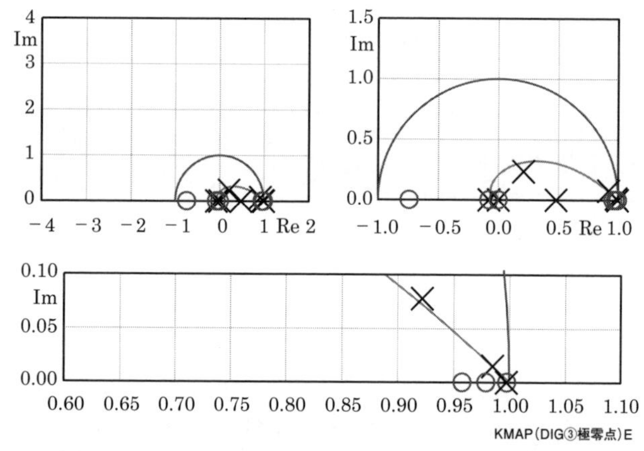

図 **2.2.1(g)**　ディジタル制御系の極・零点（$T=0.05$(s)）

図 2.2.1(h) は，図 2.2.1(g) の z 平面の極・零点を，1.5 節に述べた s 平面と z 平面の関係式によって，s 平面における対応する極・零点を図示したものである．$T=0.5$(s) のときにあった周波数 1.4（rad/s）の減衰の弱い振動極は左 45° ライン近くに移動しており，図 1.4.3(b) の連続系の極位置に近い特性となってい

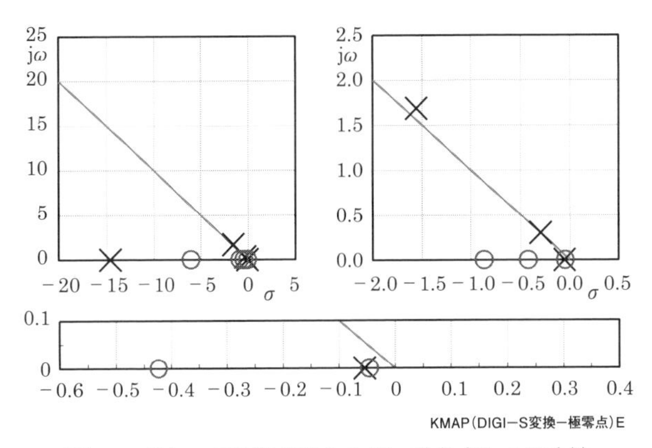

図 **2.2.1(h)**　s 平面に変換した極・零点（T= 0.05(s)）

ることがわかる．

図 2.2.1(i) は，θ コマンド $\theta_m = 1°$ のステップ応答シミュレーションである．図 1.10(e) の連続系のシミュレーション結果とほぼ同じ結果となっていることがわかる．

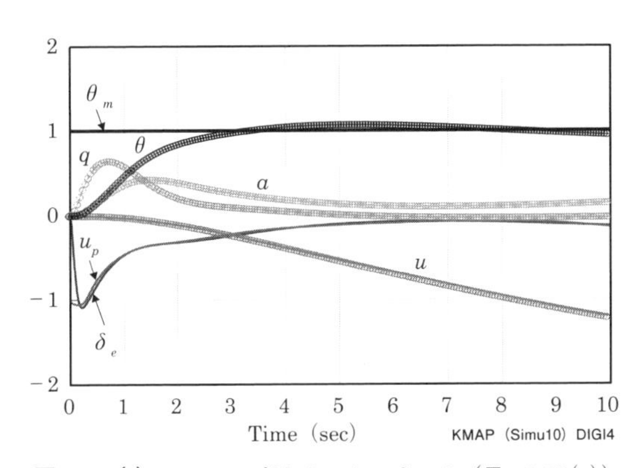

図 **2.2.1(i)**　θ コマンドシミュレーション（T= 0.05(s)）

図 2.2.1(j) は θ/θ_m の閉ループの周波数特性，**図 2.2.1(k)** は開ループの周波数特性である．開ループの周波数特性からゲイン余裕は周波数 7.1(rad/s) で 16.0 (dB)，位相余裕量は周波数 0.82(rad/s) で 97(seg) となっており，図 1.4.3(e) の連続系の結果に近づいていることがわかる．

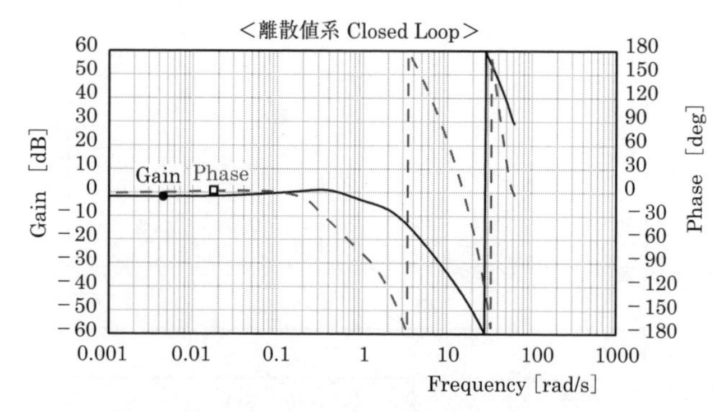

図 **2.2.1(j)**　θ/θ_mの閉ループ周波数特性（T=0.05(s)）

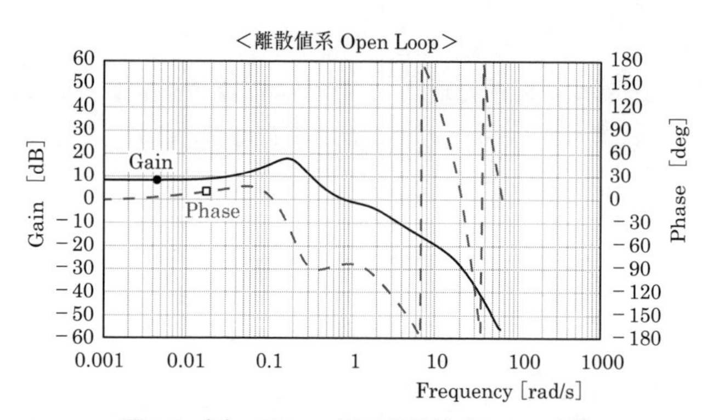

図 **2.2.1(k)**　開ループ周波数特性（T=0.05(s)）

2.3　ディジタルフィードバック制御系の状態方程式（遅れなし）

2.2 節で求めたフィードバック制御系の状態方程式は，ディジタル演算の時間遅れやデータ転送の時間遅れを考慮して，フィードバックの状態量が 1 サンプル遅れると仮定した. ここでは, それらの時間遅れはないとしてディジタルフィードバック制御系の状態方程式を求めた結果を以下に示す.

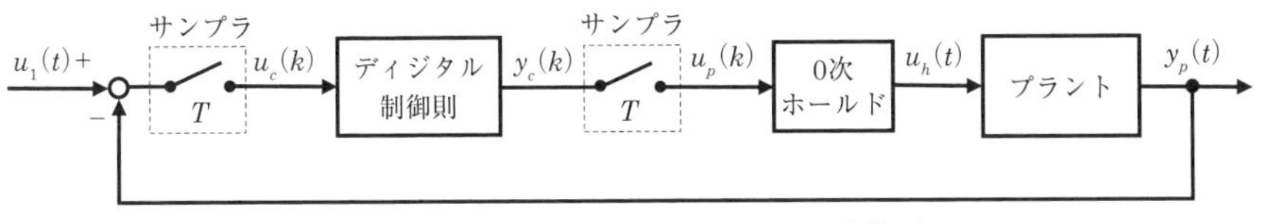

図 2.3(a)　ディジタルフィードバック制御系

プラントは 0 次ホールド付き z 変換された次式とする.

$$\begin{cases} x_p(k+1) = F_p x_p(k) + G_p u_p(k) \\ y_p(k) = H_p x_p(k) + E_p u_p(k) \end{cases} \tag{2.3-1}$$

一方，ディジタル制御則は Tustin 変換された次式とする.

$$\begin{cases} \tilde{x}_c(k+1) = F_c \tilde{x}_c(k) + G_c u_c(k) \\ y_c(k) = H_c \tilde{x}_c(k) + E_c u_c(k) \end{cases} \tag{2.3-2}$$

図 2.3(a) から，結合式は次式である.

$$\begin{cases} u_p(k) = y_c(k) \\ u_c(k) = u_1(k) - y_p(k) \end{cases} \tag{2.3-3}$$

これらの式から，ディジタルフィードバック制御系の行列方程式が次のように得られる.

$$\begin{cases} x(k+1) = Fx(k) + Gu_1(k) \\ y(k) = Hx(k) + Eu_1(k) \end{cases} \quad \left(x(k) = \begin{bmatrix} x_p(k) \\ \tilde{x}_c(k) \end{bmatrix}, \quad y(k) = \begin{bmatrix} y_p(k) \\ y_c(k) \end{bmatrix} \right) \tag{2.3-4}$$

ここで,

$$F=\begin{bmatrix} F_p+G_pH_{21} & G_pH_{22} \\ -G_cH_{11} & F_c-G_cH_{12} \end{bmatrix},\qquad G=\begin{bmatrix} G_pME_c \\ G_c\left(I-E_pME_c\right) \end{bmatrix}$$

$$H=\begin{bmatrix} H_{11}H_{12} \\ H_{21}H_{22} \end{bmatrix},\qquad E=\begin{bmatrix} E_pME_c \\ ME_c \end{bmatrix} \tag{2.3-5}$$

$$\begin{pmatrix} H_{11}=\left(I-E_pME_c\right)H_p, & H_{12}=E_pMH_c \\ H_{21}=-ME_cH_p, & H_{22}=MH_c \end{pmatrix}\qquad M=\left(I+E_cE_p\right)^{-1}$$

((2.3-5) 式は 2.1 節の (2.1-6) 式を変数離散値化して得られる)
(2.1 節の DOVRAL6, DOV6OPN を使用でき)

例題 2.3.1　飛行機のピッチ角ディジタル制御系（遅れなし）

例題 2.2.1 において，図 2.2.1(a) のピッチ角ディジタル制御系の特性を時間遅れ等があるとした (2.2-7) 式および (2.2-8) 式の方法によって解析した．本例題では，同じ例題（図 **2.3.1(a)**）について，遅れがないとした (2.3-4) 式および (2.3-5) 式の方法によって解析する．

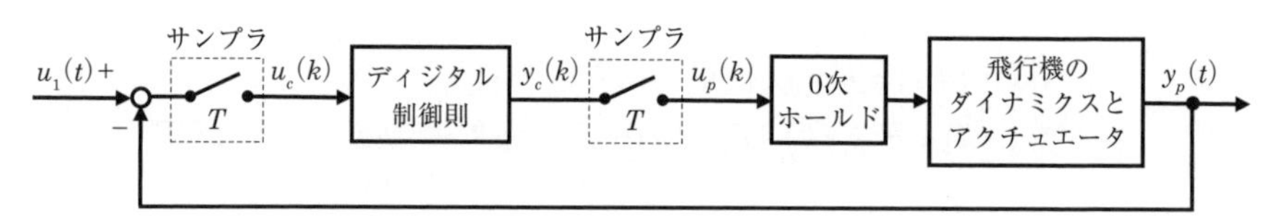

図 2.3.1(a)　飛行機のピッチ角ディジタル制御系

サンプル時間 $T=0.5$(s) として状態方程式を求め，極・零点を計算すると(1)式のようになる．

$(T=0.5)$　　(DGT204.DAT)　　(1)

POLES(7)

N	REAL	IMAG
1	0.60454648D-03	0.00000000D+00
2	0.15305443D+00	0.00000000D+00
3	0.25607626D+00	-0.41731847D+00
4	0.25607626D+00	0.41731847D+00
5	0.84873493D+00	-0.13231107D+00
6	0.84873493D+00	0.13231107D+00
7	0.97324646D+00	0.00000000D+00

ZEROS(6), II/JJ=1/1, G=0.1523D+00

N	REAL	IMAG
1	-0.13314000D+01	0.00000000D+00
2	-0.12704861D-01	0.00000000D+00
3	0.13121297D-02	0.00000000D+00
4	0.64909538D+00	0.00000000D+00
5	0.80856408D+00	0.00000000D+00
6	0.97743026D+00	0.00000000D+00

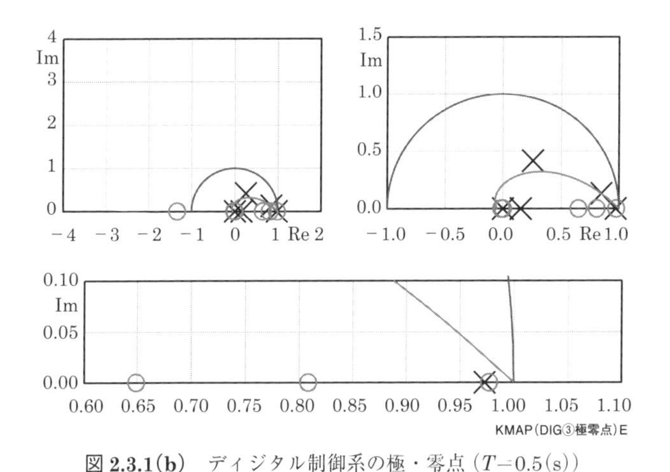

図 **2.3.1(b)**　ディジタル制御系の極・零点 ($T=0.5$(s))

図 2.3.1(b) は，極・零点を図示したものである．例題 2.2.1 の遅れのある極・零点 (図 2.2.1(b)) と比較すると，図 2.3.1(b) は z 平面の単位円の円周近くにあった極が安定側に移動していることがわかる．**図 2.3.1(c)** は，s 平面における対応する極・零点を図示したものであるが，極が安定側に移動していることがよくわかる．

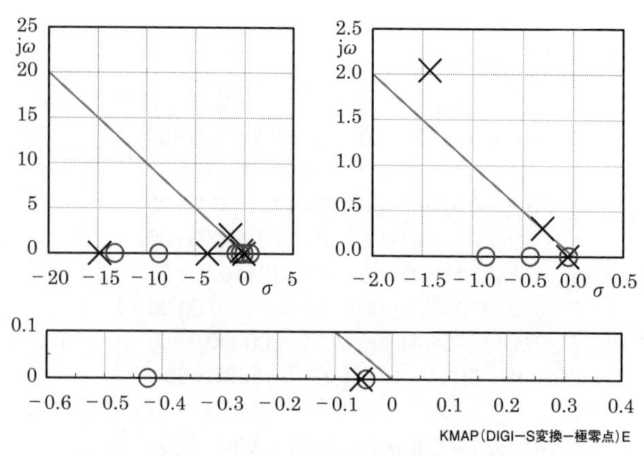

図 2.3.1(c)　s 平面に変換した極・零点（T=0.5(s)）

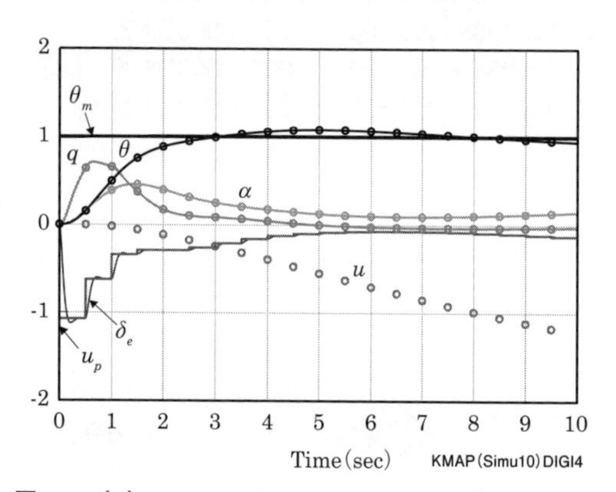

図 2.3.1(d)　θ コマンドシミュレーション（T=0.5(s)）

図 2.3.1(d) は，実際に θ コマンド $\theta_m = 1°$ のステップ応答シミュレーションの結果である．この遅れのないディジタルフィードバック制御の場合のシミュレーションは，例題 1.4.3 の連続系の場合（図 1.4.3(e)）に近い結果であることがわかる．なお，図 2.3.1(d) における実線は，エレベータ舵角 δe による連続系の飛行機の運動計算結果であるが，○印の離散値系の計算結果と一致していることが確認できる．

図 2.3.1(e) は θ/θ_m の閉ループの周波数特性である．周波数はナイキスト周波数（$\omega_{nyq} = \pi/T$）6.28(rad/s) まで表示している．例題 2.2.1（図 2.2.1(e)）のようにゲインが急増している部分はないことがわかる．

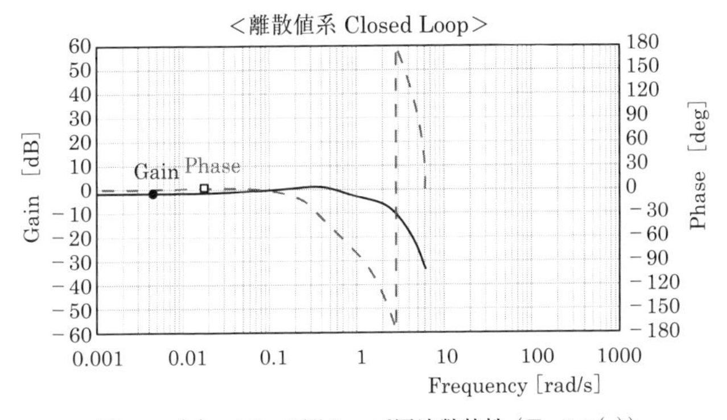

図 **2.3.1(e)**　θ/θ_m の閉ループ周波数特性（T=0.5(s)）

図 2.3.1(f) は開ループの周波数特性である．ゲイン余裕は周波数 6.5(rad/s) で 13.0(dB)，位相余裕量は周波数 1.2(rad/s) で 63(seg) となっており，十分な安定余裕を有していることがわかる．

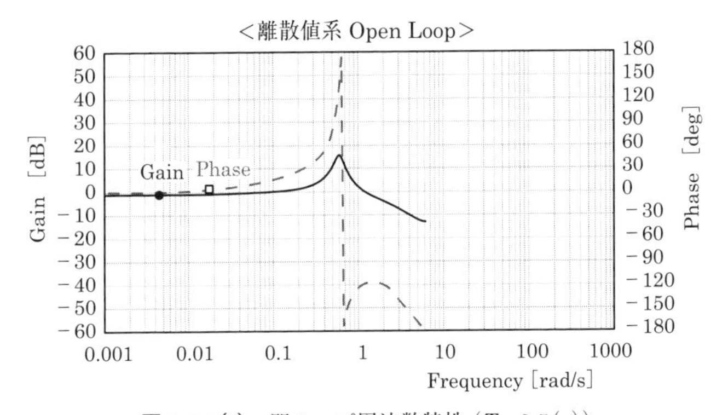

図 **2.3.1(f)**　開ループ周波数特性（T=0.5(s)）

第３章　２点境界値問題の最適制御を簡単に解く方法

２点境界値問題としての最適制御とは，初期条件と終端条件の２つ境界値を設定して，初期時刻 t_0 と終端時刻 t_f における評価関数を最小にする制御入力 u を求めるものである．$t_0 \sim t_f$ における状態変数に関する制約なども考慮される．この問題を解くことは簡単でない．筆者は2018年に２点境界値問題の最適制御が簡単に解ける手法を開発し発表した[31]．これは，**KMAPゲイン最適化法**と呼称しているもので，以下に示すように非常に簡単な方法である．

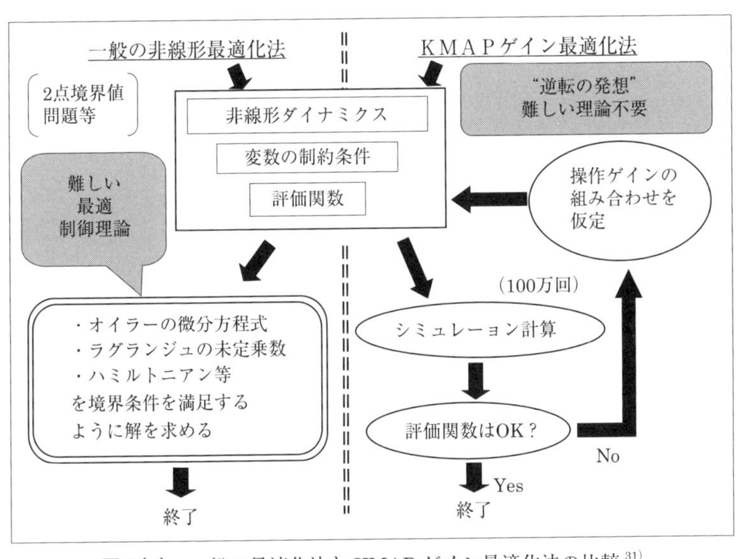

図３(a)　一般の最適化法とKMAPゲイン最適化法の比較[31]

図３(a)は，一般の最適化法とKMAPゲイン最適化法を比較したものである．一般の最適化法では，対象とするシステムに対して，変数の制約条件や評価関数を決定した後，２次計画法の問題であればシンプレックス法やラグランジュ法など，制御問題であれば対象とするダイナミクスに対して２点境界値問題の理論などを用いて解を見いだしていくものである．いずれも難しい理論に基づいて解

を導出する手順を正確に実行していく必要があり労力のいる作業である．

これに対して，KMAPゲイン最適化法は非常に単純な方法で，難しい理論は不要である．2点境界値問題で説明すると，対象とするダイナミクスに対して求めたい折れ線操作入力を直接見いだす方法であり簡単である．まず最初に，操作入力を乱数を用いて折れ線時間関数として仮定する．次にこの操作入力を用いて，システムのダイナミクスを初期条件から終端時間まで時間積分（シミュレーション）する．その結果，終端条件を満足するかどうかを判断して満足するケースをとりだして，このときの評価関数を計算する．この操作を繰り返して，評価関数が最も小さくなるケースを探索するいわゆる**モンテカルロ法**である．ダイナミクスの特性を直接評価できるので，評価関数として設定する目標性能を柔軟に指定できるのも強みである．

KMAPゲイン最適化法の特徴は，一般の最適化の方法とは異なり，最初に解を仮定してしまう点にある．これは一種の“逆転の発想”で，非常に単純な作業の繰り返しであるが，難しい制御理論なしに確実に解にたどり着くことが確認されている．最適化の繰り返し計算は50万～100万回行う（問題により異なる）が，普通のパソコンで，数分程度（問題により異なる）で計算が終了する．この方法は，熟練した操作員が繰り返しながら少しずつ目標の性能を達成していくのに似ており，非常に難しい問題に対処する自然な方法のように感じられる．

例題 3.1　2輪車両の車庫入れ

典型的な非線形最適制御の1つである2輪車両の車庫入れ問題をKMAPゲイン最適化法により簡単に解けることを紹介する[31]．

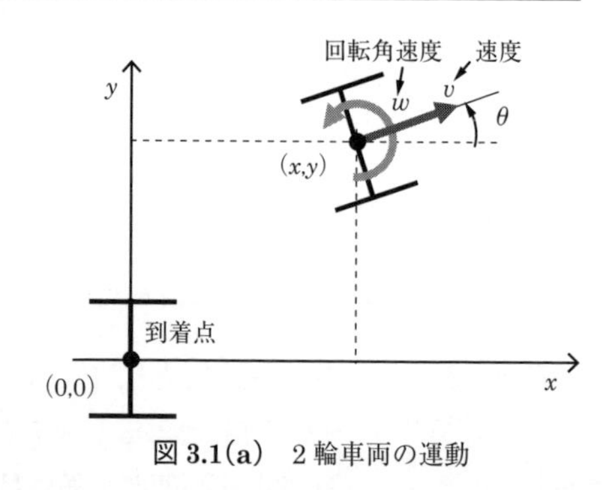

図 3.1(a)　2輪車両の運動

図 3.1(a) に示す2輪車両の運動方程式は次のように表される．

$$
\begin{cases}
\dot{x} = v\cos\theta \\
\dot{y} = v\sin\theta \\
\dot{\theta} = \omega
\end{cases}
\tag{1}
$$

ここで，v は２輪車両の中点における速度ベクトルの大きさ，ω は速度ベクトルの回転角速度，θ は速度ベクトルの方向を表す．このとき，速度 v と角速度 ω を制御することにより，到着点位置に車庫入れせよという問題である．この問題では，到着点において速度の大きさと方向はいずれも０になる必要がある２点境界値問題である．切り返し操舵などを含むこの種の問題は，連続なフィードバック制御則では不可能であり，また近似的に線形化しても制御することはできない問題である．このような問題を解く方法としては，時間軸に特定の状態をとりその状態を制御に用いていく時間軸状態制御の方法や，あらかじめ軌道を設定してその軌道との誤差を０に収束させる方法などがある．軌道を設定する方法においては切り返し地点をどうするかなどの問題がある．これに対して，KMAP ゲイン最適化法ではこの種の問題を簡単に解くことができる．これは，実際のドライバーが何回もやり直しながらうまく車庫入れするように，操作量を直接的に求める方法に似ている．具体的には，速度ベクトル大きさ v とその方向の角速度 ω を一定時間ごとのコマンド量の値を設定して，**図 3.1(b)** に示すようにそれらの折れ線からなる時間関数を仮定してシミュレーションを行い，車両の到着点において速度の大きさと方向がいずれも０になるコマンド量の最適組み合わせを探索する単純な方法である．

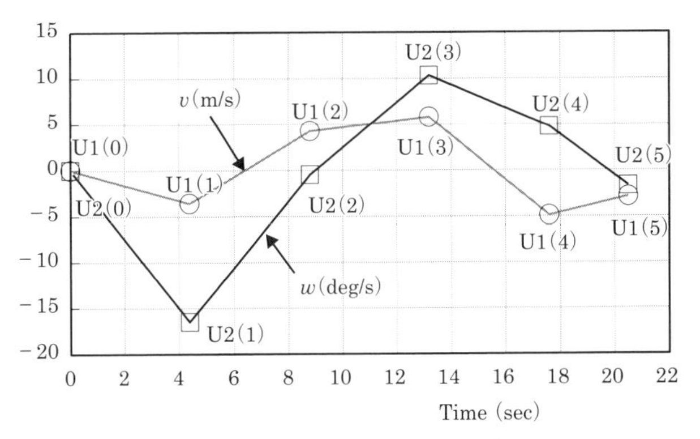

図 3.1(b)　速度と角速度の時間関数の例

シミュレーション計算時の初期条件と終端条件は次のように設定する.

$$【初期条件】\begin{cases}(x, y, \theta) = (10\text{m}, 20\text{m}, 0\text{deg}) \\ (v, \omega) = (0\text{m/s}, 0\text{deg/s})\end{cases} \tag{2}$$

$$【終端条件】\begin{cases}(x, y, \theta) = (0\text{m}, 0\text{m}, 0\text{deg}) \\ (v, \omega) = (0\text{m/s}, 0\text{deg/s})\end{cases} \tag{3}$$

$$【評価関数】\quad J = y^2 + 0.01\theta^2 + v^2 + \omega^2 \tag{4}$$

(1) 式の車両運動方程式（微分方程式）を，操作入力 v および ω を図3.1(b) に示す折れ線時間関数によって積分して，(2) 式の初期条件のもとで，(3) 式の終端条件を満足するとともに評価関数が最小になるようにKMAP ゲイン最適化を実施した結果を図 **3.1(c)** および図 **3.1(d)** に示す.

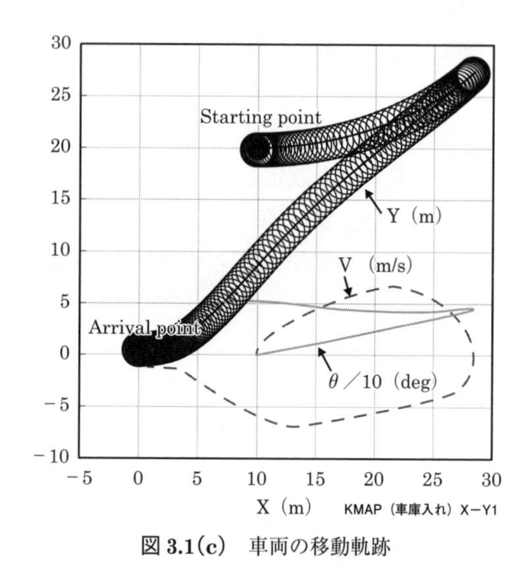

図 **3.1(c)**　車両の移動軌跡

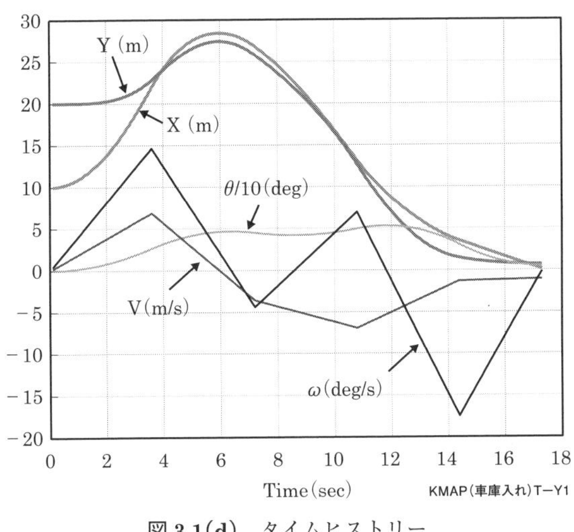

図 3.1(d)　タイムヒストリー

図 3.1(c) は，車両運動の平面の軌跡と，速度 v および速度の方向 θ を示したものである．最初，速度の増加とともに，機首を左に振りながら約 10m 進んだ後，切り返して $\theta \fallingdotseq 50^\circ$ の姿勢で $X \fallingdotseq 5$m 付近までバックし，最後にゆっくりと θ を 0 に戻している様子がわかる．この車両軌跡は，我々が車を運転して車庫入れする場合に似ていると考えられる．途中で一度切り返しをしているが，この切り返しに関する情報はなにも与えていない．最適制御の解として自動的に切り返し操作が行われている．

この例では，操作入力 2 個に対してそれぞれ 5 点（初期の 0 は除く），合計 10 個のデータを 100 万回の繰り返し計算で求めたが，普通のパソコンにて 20 秒程度で計算が終了した．あたかも熟練したドライバーが少しずつ効率のよい運転方法を見つけていくのと同じこの方法は，おそらく非常に複雑な問題を解く方法として自然な方法のように感じられる．

第4章　折れ線入力離散値化による最適制御

ディジタル制御において基本となる離散値化（ディジタル化）の方法として第1章にて，ホールドなしの z 変換（1.2節），0次ホールド付き z 変換（1.3節）および Tustin 変換（1.4節）について学んだ．第2章においては，離散値化されたシステムに対して，フィードバック制御の基本的特性を学んだ．本章では本書の目的である実時間制御の基本となる**折れ線入力離散値化**の方法について学ぶ．これは，制御対象（**プラント**といわれる）への入力を，時間に対して折れ線で表してプラントを離散値化する方法である．折れ線入力離散値化されたプラントは，微分方程式を細かく積分する必要がないため，比較的長いサンプル時間により最適制御問題を解くことが可能になる．本章では，時間に対して折れ線の入力を乱数で定義することにより，モンテカルロ法を応用した KMAP ゲイン最適化法を用いて，2点境界値問題の最適制御を簡単に解くことができることを示す．本方法を用いると，最適制御を解くのに必要なシミュレーション時間を大幅に削減できる．

4.1　折れ線入力離散値化によるシミュレーション

図 **4.1(a)** に示すように，入力が時間に対して折れ線で表される場合について離散時間状態方程式を求める方法について述べる．その後，折れ線入力離散値化されたプラントはシミュレーション時間が削減できることを例題により示す．

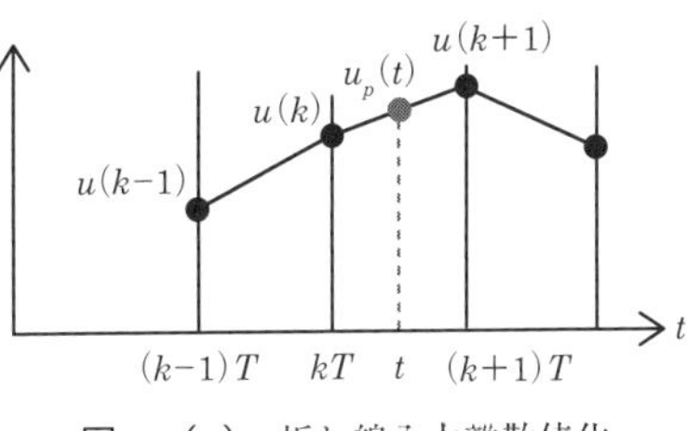

図 **4.1(a)**　折れ線入力離散値化

図 4.1(a) から，入力 $u_p(t)$ は次のように表される．

$$u_p(t)=u(k)+\frac{u(k+1)-u(k)}{T}(t-kT),\quad kT\le t\le(k+1)T \tag{4.1-1}$$

いま，次の連続系の状態方程式を考える．

$$\dot{x}_p = Ax_p + Bu_p \tag{4.1-2}$$

ここで，入力 u_p に（4.1-1）式を代入して，（4.1-2）式の状態方程式を時間 kT から $(k+1)T$ まで積分すると

$$\begin{aligned} x_p(k+1) &= e^{AT}x_p(k) + \int_{kT}^{(k+1)T} e^{A\{(k+1)T-\tau\}} \cdot B\left\{u(k) + \frac{u(k+1)-u(k)}{T}(\tau - kT)\right\}d\tau \\ &= e^{AT}x_p(k) + \int_{kT}^{(k+1)T} e^{A\{(k+1)T-\tau\}} \cdot \frac{(k+1)T-\tau}{T}d\tau \cdot Bu(k) \\ &\qquad + \int_{kT}^{(k+1)T} e^{A\{(k+1)T-\tau\}} \cdot \frac{\tau - kT}{T}d\tau \cdot Bu(k+1) \end{aligned} \tag{4.1-3}$$

この積分を実行すると，折れ線入力離散値化の状態方程式が次のように得られる．

$$x_p(k+1) = F_p x_p(k) + G_{p1}u(k) + G_{p2}u(k+1) \tag{4.1-4}$$

ただし，

$$\begin{cases} F_p = e^{AT} \\ G_{p1} = e^{AT}A^{-1}B - \left(e^{AT} - I\right)A^{-2}\dfrac{B}{T} \\ G_{p2} = \left(e^{AT} - I\right)A^{-1}B - G_{p1} \end{cases} \tag{4.1-5}$$

（(4.1-4) 式～(4.1-5) 式の導出は付録（A4.1-15）式～(A4.1-16) 式参照）

例題 4.1.1　折れ線入力による 2 次システムのシミュレーション

図 4.1.1(a) に示す 2 次システムを折れ線入力離散値化した後，各サンプル時間ごとの入力を適当に設定してシミュレーションしてみよう．

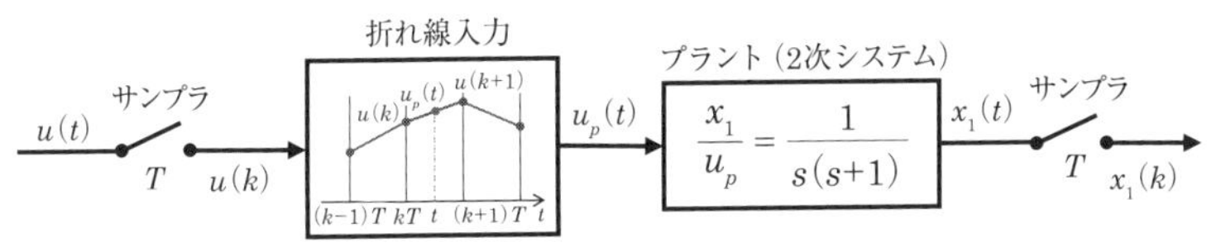

図 4.1.1(a)　折れ線入力離散値化の例題

図 4.1.1(a) のプラントの状態方程式は次式である．

$$\begin{cases}\dot{x}_1 = x_2 \\ \dot{x}_2 = -x_2 + u_p\end{cases} \quad \left(\text{伝達関数では} \quad \frac{x_1}{u_p} = \frac{1}{s(s+1)}\right) \tag{1}$$

行列方程式で表すと

$$\begin{bmatrix}\dot{x}_1 \\ \dot{x}_2\end{bmatrix} = \begin{bmatrix}0 & 1 \\ 0 & -1\end{bmatrix}\begin{bmatrix}x_1 \\ x_2\end{bmatrix} + \begin{bmatrix}0 \\ 1\end{bmatrix}u_p \quad \text{(DGT401.DAT)} \tag{2}$$

(4.1-4) 式，(4.1-5) 式を用いて折れ線入力離散値化の状態方程式を求めると次のようになる．

$$x_p(k+1) = F_p x_p(k) + G_{p1}u(k) + G_{p2}u(k+1) \tag{3}$$

ここで，

$$F_p = \begin{bmatrix}1 & 0.632 \\ 0 & 0.368\end{bmatrix}, \quad G_{p1} = \begin{bmatrix}0.236 \\ 0.264\end{bmatrix}, \quad G_{p2} = \begin{bmatrix}0.132 \\ 0.368\end{bmatrix} \tag{4}$$

いま，サンプル時間を 1 秒として，入力 $u(k)$，$(k=1, 2, \cdots)$ を適当に設定して，1 秒間隔で入力したとき，(3) 式の離散時間状態方程式のシミュレーション結果を**図 4.1.1(b)** に○印で示す．図中には，(2) 式の連続系状態方程式のシミュレーション結果も曲線で示している．離散時間状態方程式の結果と連続系状態方程式の結果が一致していることが確認できる．すなわち，連続系状態方程式を細かく積分しなくても，1 秒間隔の離散時間状態方程式を解くことでシミュレーション計算が可能であることがわかる．

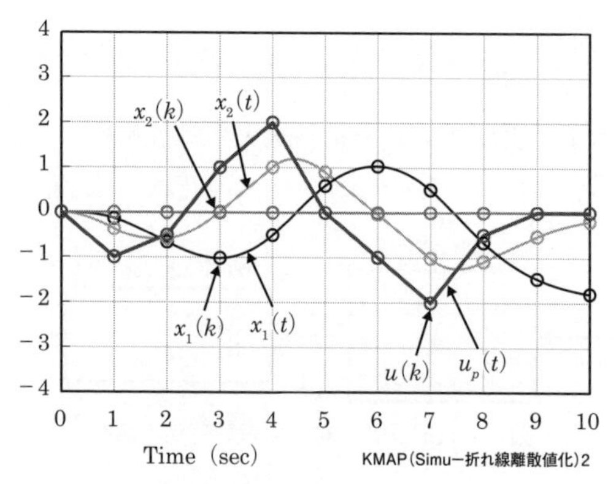

図 **4.1.1(b)**　折れ線入力離散値化のシミュレーション（$T=1$(s)）

例題 4.1.2　折れ線入力による飛行機の運動シミュレーション

例題 1.3.3 で検討した飛行機の運動方程式を用いて，折れ線入力離散値化による状態方程式に変換して飛行機の運動を解析する．折れ線入力 $u(k)$ における k は 10 点，その間隔は 1 秒として $u(k)$ は適当に定める．

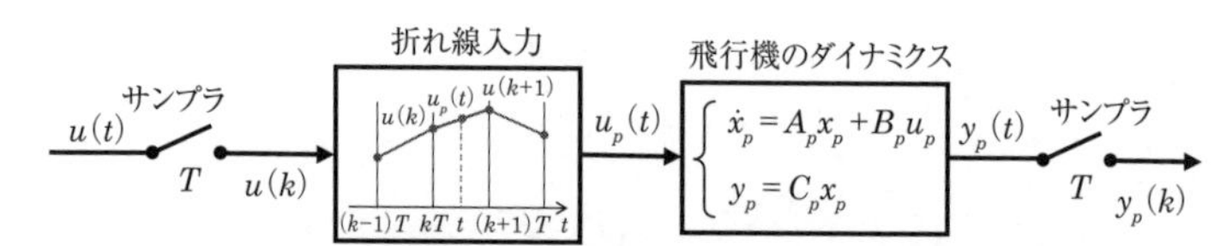

図 **4.1.2(a)**　折れ線入力離散値化による飛行機の運動制御

例題 1.3.3 の飛行機の縦系の状態方程式から，簡単のためアクチュエータは除いた 4 次の運動方程式を考える．

$$\begin{bmatrix}\dot{u}\\ \dot{\alpha}\\ \dot{q}\\ \dot{\theta}\end{bmatrix}=\begin{bmatrix}X_u & X_\alpha & 0 & -\dfrac{g\cos\theta_0}{57.3}\\ \bar{Z}_u & \bar{Z}_\alpha & 1 & -\dfrac{g\sin\theta_0}{V}\\ M'_u & M'_\alpha & M'_q & M'_\theta\\ 0 & 0 & 1 & 0\end{bmatrix}\begin{bmatrix}u\\ \alpha\\ q\\ \theta\end{bmatrix}+\begin{bmatrix}0\\ \bar{Z}_{\delta e}\\ M'_{\delta e}\\ \theta\end{bmatrix}\delta e \qquad (1)$$

ベクトルで表すと

$$\begin{cases}\dot{x}_p = A_p x_p + B_p u_p \\ y_p = C_p x_p\end{cases}, \qquad x_p = \begin{bmatrix} u \\ \alpha \\ q \\ \theta \end{bmatrix} \begin{matrix}(\text{速度}) \\ (\text{迎角}) \\ (\text{ピッチ角速度}) \\ (\text{ピッチ角})\end{matrix} \tag{2}$$

ただし，

$$A_p = \begin{pmatrix} -0.3258\text{D}-01 & 0.7214\text{D}-01 & 0.0000\text{D}+00 & -0.1706\text{D}+00 \\ -0.1492\text{D}+00 & -0.9214\text{D}+00 & 0.1000\text{D}+01 & -0.8001\text{D}-02 \\ 0.4568\text{D}-01 & -0.1471\text{D}+01 & -0.1215\text{D}+01 & 0.2450\text{D}-02 \\ 0.0000\text{D}+00 & 0.0000\text{D}+00 & 0.1000\text{D}+01 & 0.0000\text{D}+00 \end{pmatrix} \tag{3}$$

$$B_p = \begin{pmatrix} 0.0000\text{D}+00 \\ -0.5710\text{D}-01 \\ -0.1864\text{D}+01 \\ 0.0000\text{D}+00 \end{pmatrix} \tag{4}$$

$$C_p = \begin{pmatrix} 0.0000\text{D}+00 & 0.0000\text{D}+00 & 0.1000\text{D}+01 & 0.0000\text{D}+00 \end{pmatrix} \tag{5}$$

(2) 式の連続系の状態方程式の極・零点は，(6) 式のようである．またこの極・零点を図示すると図 **4.1.2(b)** のようになる．

```
POLES( 4), EIVMAX=0.1615D+01
  N         REAL                 IMAG
  1  -0.107462.45D+01      0.12059286D+01  周期 P(sec)= 0.5210E+01
  2  -0.107462.45D+01     -0.12059286D+01  [0.6653E+00, 0.1615E+01]
  3  -0.98665318D-02      -0.12973169D+00  [0.7583E-01, 0.1301E+00]
  4  -0.98665318D-02       0.12973169D+00  周期 P(sec)= 0.4843E+02
ZEROS( 3), II/JJ=1/1, G=-0.1864D+01
  N         REAL                 IMAG
  1  -0.86326007D+00       0.00000000D+00  [-0.8633E+00]
  2  -0.45658723D-01       0.00000000D+00  [-0.4566E-01]
  3   0.00000000D+00       0.00000000D+00  [0.0000E+00]
```

(6)

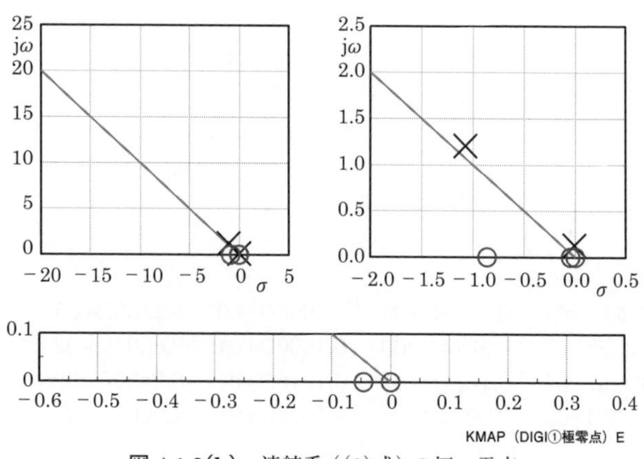

図 4.1.2(b)　連続系（(2)式）の極・零点

図 4.1.2(b) からわかるように，飛行機の長周期モード極は非常に減衰が悪い．減衰は良くないが安定であるのでこのままでも問題ないが，ここでは連続系の状態フィードバックによる極配置法を用いて，減衰を良好化しておこう．具体的なフィードバックゲインは次のとおりである．

$$G_{ain} = \begin{pmatrix} 0.3679\text{D+00} & 0.4769\text{D+00} & -0.1385\text{D+00} & -0.4835\text{D+00} \end{pmatrix} \tag{7}$$

このフィードバックにより A_p 行列は次のようになる．

$$A_{p1} = \begin{pmatrix} -0.3258\text{D-01} & 0.7214\text{D-01} & 0.0000\text{D+00} & -0.1706\text{D+00} \\ -0.1282\text{D+00} & -0.8942\text{D+00} & 0.9921\text{D+00} & -0.3561\text{D-01} \\ 0.7314\text{D+00} & -0.5821\text{D+00} & -0.1473\text{D+01} & -0.8988\text{D+00} \\ 0.0000\text{D+00} & 0.0000\text{D+00} & 0.1000\text{D+01} & 0.0000\text{D+00} \end{pmatrix} \tag{8}$$

次に，(1) 式の運動方程式に，高度 h の次の方程式を加える．

$$\dot{h} = V(\theta - \alpha)/57.3 \tag{9}$$

このとき，運動方程式は次式である．

$$\begin{bmatrix} \dot{u} \\ \dot{\alpha} \\ \dot{q} \\ \dot{\theta} \\ \dot{h} \end{bmatrix} = \begin{bmatrix} X_u & X_\alpha & 0 & -\dfrac{g\cos\theta_0}{57.3} & 0 \\ \bar{Z}_u & \bar{Z}_\alpha & 1 & -\dfrac{g\sin\theta_0}{V} & 0 \\ M'_u & M'_\alpha & M'_q & M'_\theta & 0 \\ 0 & 0 & 1 & 0 & 0 \\ 0 & -\dfrac{V}{57.3} & 0 & \dfrac{V}{57.3} & 0 \end{bmatrix} \begin{bmatrix} u \\ \alpha \\ q \\ \theta \\ h \end{bmatrix} + \begin{bmatrix} 0 \\ \bar{Z}_{\delta e} \\ M'_{\delta e} \\ 0 \\ 0 \end{bmatrix} \delta e \tag{10}$$

ベクトルで表すと次のようになる．なお，距離 X も次式で表す．

$$\begin{cases} \dot{x}_p = A_{p2}x_p + B_{p2}u_p \\ y_p = C_{p2}x_p \\ X = (V+u)\cdot t \ (\text{距離}), \end{cases} \qquad x_p = \begin{bmatrix} u \\ \alpha \\ q \\ \theta \\ h \end{bmatrix} \begin{matrix} (\text{速度}) \\ (\text{迎角}) \\ (\text{ピッチ角速度}) \\ (\text{ピッチ角}) \\ (\text{高度}) \end{matrix} \tag{11}$$

ただし，

$$A_{p2} = \begin{pmatrix} -0.3258D-01 & 0.7214D-01 & 0.0000D+00 & -0.1706D+00 & 0.0000D+00 \\ -0.1282D+00 & -0.8942D+00 & 0.9921D+00 & -0.3561D-01 & 0.0000D+00 \\ 0.7314D+00 & -0.5821D+00 & -0.1473D+01 & -0.8988D+00 & 0.0000D+00 \\ 0.0000D+00 & 0.0000D+00 & 0.1000D+01 & 0.0000D+00 & 0.0000D+00 \\ 0.0000D+00 & -0.1515D+01 & 0.0000D+00 & 0.1515D+01 & 0.0000D+00 \end{pmatrix} \tag{12}$$

(DGT402.DAT)

$$B_{p2} = \begin{pmatrix} 0.0000D+00 \\ -0.5710D-01 \\ -0.1864D+01 \\ 0.0000D+00 \\ 0.0000D+00 \end{pmatrix} \tag{13}$$

$$C_{p2} = \begin{pmatrix} 0.0000D+00 & 0.0000D+00 & 0.1000D+01 & 0.0000D+00 & 0.0000D+00 \end{pmatrix} \tag{14}$$

このとき，安定化した連続系の状態方程式の極・零点は，(15) 式のようである．またこの極・零点を図示すると図 **4.1.2(c)** のようになる．

```
POLES( 5), EIVMAX=0.1414D+01
 N        REAL              IMAG
 1  -0.99986064D+00  -0.10000456D+01  [0.7070E+00, 0.1414E+01]
 2  -0.99986064D+00   0.10000456D+01   周期 P(sec)=0.6283E+01
 3  -0.20002940D+00  -0.19999842D+00  [0.7072E+00, 0.2829E+00]
 4  -0.20002940D+00   0.19999842D+00   周期 P(sec)=0.3142E+02
 5   0.00000000D+00   0.00000000D+00
ZEROS( 4), II/JJ=1/1, G=-0.1864D+01
 N        REAL              IMAG
 1  -0.86328978D+00   0.00000000D+00  [-0.8633E+00]
 2  -0.45658749D-01   0.00000000D+00  [-0.4566E-01]
 3   0.00000000D+00   0.00000000D+00  [ 0.0000E+00]
 4   0.00000000D+00   0.00000000D+00  [ 0.0000E+00]
```
(15)

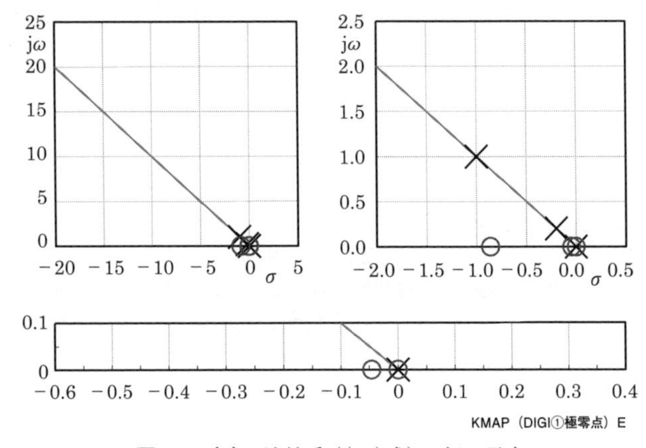

図 4.1.2(c)　連続系（(11)式）の極・零点

図 4.1.2(c) の結果を図 4.1.2(b) と比較するとわかるように，飛行機の縦系の運動モード極が左 45° ライン上の安定な位置に移動していることが確認できる.

さて，この (11) 式で表される安定化した連続系の飛行機の状態方程式を，折れ線入力離散値化を行うと次のようになる.

$$\begin{cases} x_p(k+1) = F_p x_p(k) + G_{p1} u(k) + G_{p2} \mathrm{u}(k+1) \\ (\text{距離})\ X = V \cdot kT \end{cases} \tag{16}$$

ただし，

$$F_p=\begin{pmatrix} 0.9551D+00 & 0.5252D-01 & -0.3440D-01 & -0.1568D+00 & 0.0000D+00 \\ 0.7118D-01 & 0.3257D+00 & 0.2186D+00 & -0.2110D+00 & 0.0000D+00 \\ 0.3121D+00 & -0.1205D+00 & -0.4011D-02 & -0.4064D+00 & 0.0000D+00 \\ 0.2170D+00 & -0.1183D+00 & 0.4156D+00 & 0.7255D+00 & 0.0000D+00 \\ 0.1001D+00 & -0.1017D+01 & 0.1283D+00 & 0.1497D+01 & 0.1000D+01 \end{pmatrix} \quad (17)$$

$$\mathrm{G}_{p1}=\begin{pmatrix} 0.1638D-01 \\ -0.2359D+00 \\ -0.2274D+00 \\ -0.3316D+00 \\ -0.3254D-01 \end{pmatrix}, \qquad G_{p2}=\begin{pmatrix} 0.5720D-02 \\ -0.1852D+00 \\ -0.5406D+00 \\ -0.2089D+00 \\ -0.3433D-02 \end{pmatrix} \quad (18)$$

図 4.1.2(d) は，入力 $u(k)$，($k=1, 2, \cdots$) を 1 秒間隔で適当に設定して入力したときの (16) 式の離散時間状態方程式のシミュレーション結果（○，□印など）である．なお，同図には (11) 式の連続系状態方程式に入力したシミュレーション結果（曲線）も示したが，両者は一致していることがわかる．

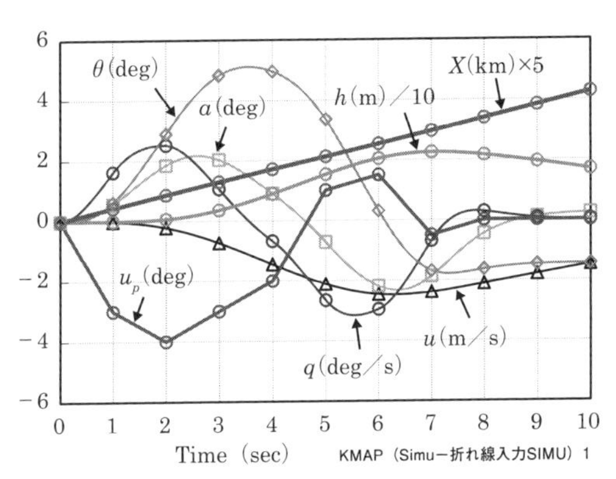

図 4.1.2 (d)　折れ線入力離散値化のシミュレーション（$T=1$(s)）

すなわち，連続系状態方程式を細かく積分しなくても，1 秒間隔の離散時間状態方程式を解くことでシミュレーション計算が可能であることがわかる．

4.2　折れ線入力離散値化による最適制御

前節では，制御対象（プラント）への入力を時間に対して折れ線で表されるとしてプラントを離散値化する方法について述べた．これにより，連続系の微分方程式を細かく積分することなしに，サンプル時間を長くしてシミュレーション時間を大幅に削減できる可能性がある．ここでは，時間に対して折れ線の入力を乱数で定義することにより，モンテカルロ法を応用した KMAP ゲイン最適化法（第 3 章参照）によって 2 点境界値問題の最適制御を簡単に解くことができることを示す．

例題 4.2.1　飛行機のピッチ角制御系の最適制御

実時間最適制御の検討に入る前に，飛行機の運動の最適制御問題を解く．ここでは，飛行機のピッチ角制御系を考える．運動方程式は例題 1.3.3 と同様に次式である．

$$\begin{bmatrix} \dot{u} \\ \dot{\alpha} \\ \dot{q} \\ \dot{\theta} \end{bmatrix} = \begin{bmatrix} X_u & X_\alpha & 0 & -\dfrac{g\cos\theta_0}{57.3} \\ \bar{Z}_u & \bar{Z}_\alpha & 1 & -\dfrac{g\sin\theta_0}{V} \\ M'_u & M'_\alpha & M'_q & M'_\theta \\ 0 & 0 & 1 & 0 \end{bmatrix} \begin{bmatrix} u \\ \alpha \\ q \\ \theta \end{bmatrix} + \begin{bmatrix} 0 \\ \bar{Z}_{\delta e} \\ M'_{\delta e} \\ 0 \end{bmatrix} \delta e \tag{1}$$

ベクトルで表すと

$$\begin{cases} \dot{x}_p = A_p x_p + B_p \delta e \\ y_p = C_p x_p \,, \end{cases} \qquad x_p = \begin{bmatrix} u \\ \alpha \\ q \\ \theta \end{bmatrix} \begin{matrix} \text{(速度)} \\ \text{(迎角)} \\ \text{(ピッチ角速度)} \\ \text{(ピッチ角)} \end{matrix} \tag{2}$$

いま，次の制御を考える．

$$\delta e = K_1\left(\theta - \theta_c\right) + K_2 q \tag{3}$$

ここで，$K_1 = 5.0$ として K_2 を最適化すると，$K_2 = 1.802$ になる．このフィードバックにより，(2) 式は次のように変化する．

$$\dot{x}_p = \left\{A_p + B_p\begin{bmatrix}0 & 0 & K_2 & K_1\end{bmatrix}\right\}x_p - B_p K_1 \theta_c \tag{4}$$

また，高度を h，距離を X として，次のダイナミクスを追加する．

$$\begin{cases}\dot{h} = V(\theta - \alpha)/57.3 \\ \dot{X} = V + \dot{X}_2 = V + u\end{cases} \tag{5}$$

その結果，(2) 式は次のようになる．

$$\begin{cases}\dot{x}_p = A_{p1}x_p + B_{p1}\theta_c \\ y_p = C_{p1}x_p \\ X = Vt + X_2\,,\end{cases} \qquad x_p = \begin{bmatrix}u \\ \alpha \\ q \\ \theta \\ h \\ X_2\end{bmatrix}\begin{matrix}(\text{速度}) \\ (\text{迎角}) \\ (\text{ピッチ角速度}) \\ (\text{ピッチ角}) \\ (\text{高度}) \\ (u\text{による距離})\end{matrix} \tag{6}$$

このピッチ角制御系の行列データは次のようになる．

```
..AP1 (F/B) .... NI=6  NJ=6
 -0.3258D-01  0.7214D-01  0.0000D+00 -0.1706D+00  0.0000D+00  0.0000D+00
 -0.1492D+00 -0.9214D+00  0.8971D+00 -0.2935D+00  0.0000D+00  0.0000D+00
  0.4568D-01 -0.1471D+01 -0.4574D+01 -0.9318D+01  0.0000D+00  0.0000D+00
  0.0000D+00  0.0000D+00  0.1000D+01  0.0000D+00  0.0000D+00  0.0000D+00
  0.0000D+00 -0.1515D+01  0.0000D+00  0.1515D+01  0.0000D+00  0.0000D+00
  0.1000D+01  0.0000D+00  0.0000D+00  0.0000D+00  0.0000D+00  0.0000D+00
```

(DGT403)　　(7)

```
..BP1 (F/B) .... NI=6  NJ=1
  0.0000D+00
  0.2855D+00
  0.9320D+01
  0.0000D+00
  0.0000D+00
  0.0000D+00
```

(8)

```
....CP1....... NI=  1  NJ=  6
 0.0000D+00 0.0000D+00 0.1000D+01 0.0000D+00 0.0000D+00 0.0000D+00
```

(9)

このとき，連続系のピッチ角制御系の極・零点は，次のようである．

```
POLES( 6), EIVMAX=0.3383D+01
  N        REAL             IMAG
  1  -0.23917838D+01  -0.23925691D+01  [0.7070E+00, 0.3383E+01]
  2  -0.23917838D+01   0.23925691D+01  周期 P(sec)=0.2626E+01
  3  -0.69248702D+00   0.00000000D+00
  4  -0.51925274D-01   0.00000000D+00
  5   0.00000000D+00   0.00000000D+00
  6   0.00000000D+00   0.00000000D+00
ZEROS( 5), II/JJ=1/1, G=0.9320D+01
  N        REAL             IMAG
  1  -0.86326008D+00   0.00000000D+00  [-0.8633E+00]
  2  -0.45658723D-01   0.00000000D+00  [-0.4566E-01]
  3   0.00000000D+00   0.00000000D+00  [ 0.0000E+00]
  4   0.00000000D+00   0.00000000D+00  [ 0.0000E+00]
  5   0.00000000D+00   0.00000000D+00  [ 0.0000E+00]
```
(10)

この極・零点を図示すると図 **4.2.1(a)** のようになる．飛行機の縦系の運動モード極が左 45° ライン上の安定な位置にあることが確認できる．

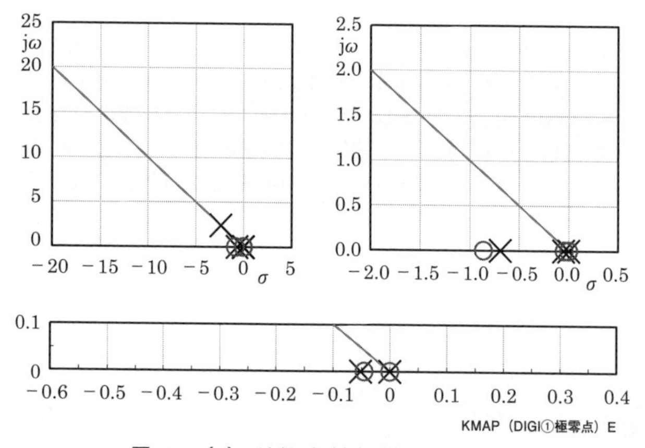

図 **4.2.1(a)**　連続系（(6) 式）の極・零点

図 **4.2.1(b)** は，θ_c コマンドのステップ応答シミュレーションである．ピッチ角 θ がコマンド θ_c に追従していることが確認できる．

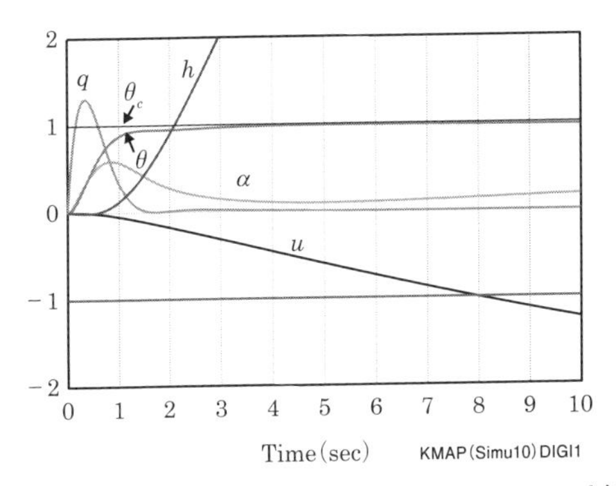

図 4.2.1(b)　連続系（(6) 式）の θ_c コマンドステップ応答

さて，この (6) 式で表される連続系のピッチ角制御系の状態方程式を，サンプル時間 0.5(s) で 0 次ホールド付き z 変換して極を確認してみる．

$$\begin{cases} x_p(k+1) = F_p x_p(k) + G_p \theta_c(k) \\ (\text{距離})\ X = V \cdot kT + X_2 \end{cases} \tag{11}$$

ただし，

```
....FP....... NI=6  NJ=6
  0.9826D+00   0.3037D-01  -0.6625D-02  -0.7450D-01   0.0000D+00   0.0000D+00
 -0.5584D-01   0.5840D+00   0.6292D-01  -0.4677D+00   0.0000D+00   0.0000D+00
  0.1572D-01  -0.1247D+00  -0.1531D+00  -0.1167D+01   0.0000D+00   0.0000D+00
  0.4723D-02  -0.6745D-01   0.1272D+00   0.4895D+00   0.0000D+00   0.0000D+00
  0.2453D-01  -0.6123D+00   0.2580D-01   0.7647D+00   0.1000D+01   0.0000D+00
  0.4957D+00   0.7981D-02  -0.1333D-02  -0.1988D-01   0.0000D+00   0.1000D+01
```

$(T=0.5(\mathrm{s}))$

(12)

```
....GP....... NI=6  NJ=1
 -0.1014D-01
  0.4673D+00
  0.1167D+01
  0.5106D+00
 -0.6723D-02
 -0.1337D-02
```

(13)

このサンプル時間 0.5(s) での 0 次ホールド付き z 変換の極・零点は，次のようである．

```
POLES(6), EIVMAX=0.1000D+01
  N      REAL               IMAG
  1   0.11063589D+00   0.28147128D+00
  2   0.11063589D+00  -0.28147128D+00
  3   0.70734022D+00   0.00000000D+00
  4   0.97437149D+00   0.00000000D+00
  5   0.10000000D+01   0.00000000D+00
  6   0.10000000D+01   0.00000000D+00
ZEROS(5), II/JJ=1/1, G=0.1167D+01
  N      REAL               IIMAG
  1   0.63866445D+00   0.00000000D+00
  2   0.97808825D+00   0.00000000D+00
  3   0.10000000D+01   0.00000000D+00
  4   0.10000000D+01   0.00000000D+00
  5   0.10000000D+01   0.00000000D+00
```

$(T = 0.5(\mathrm{s}))$　　(14)

この極・零点を図示すると**図 4.2.1(c)** のようになる．**図 4.2.1(d)** は，θ_c コマンドステップ応答である．図 4.2.1(b) の連続系のシミュレーション結果と同等な結果であることがわかる．

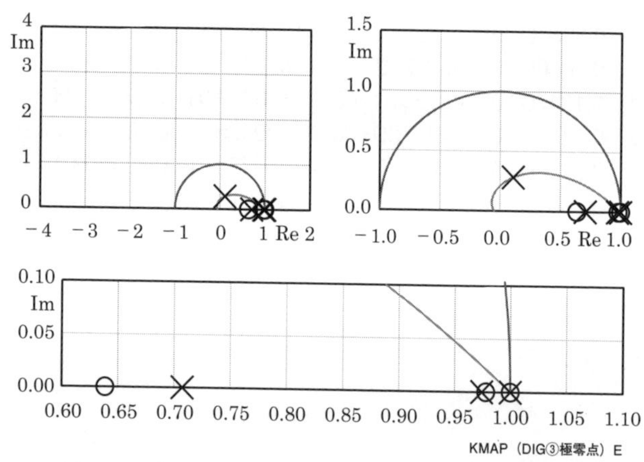

図 4.2.1(c)　ディジタル制御系の極・零点 $(T = 0.5(\mathrm{s}))$

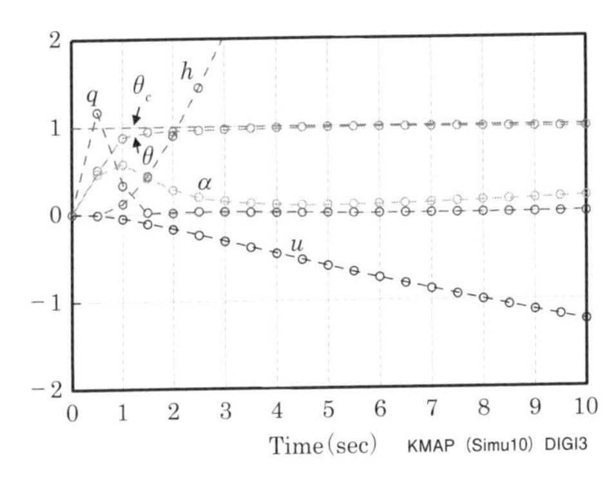

図 **4.2.1(d)**　θ_c コマンドステップ応答（$T=0.5$(s)）

以上，飛行機のピッチ角制御系について，連続系の特性とサンプル時間 0.5(s) の 0 次ホールド付き z 変換離散値系の特性を示した．

(注意) 以上は tmax＝10(s)，T＝0.5(s)，以下は tmax＝40(s)，T＝5(s) で計算.

次に，このような運動特性を持つピッチ角制御系を，折れ線入力離散値化による実時間最適制御問題に用いていくが，サンプル時間は極力長くとる必要がある．以下の例題では，40 秒間の飛行機の運動に対して 8 点の折れ線入力を用いる．したがって，サンプル時間を 5.0(s)として，折れ線入力離散値化を行うと次のようになる．

$$\begin{cases} x_p(k+1) = F_p x_p(k) + G_{p1}\theta_c(k) + G_{p2}\theta_c(k+1) \\ (\text{距離})\ X = V \cdot kT + X_2 \end{cases} \tag{15}$$

ただし，

....FP....... NI＝6 NJ＝6

0.7944D+00	0.9329D-01	-0.1799D-01	-0.1654D+00	0.0000D+00	0.0000D+00
-0.1415D+00	0.6768D-02	-0.1324D-03	-0.4371D-02	0.0000D+00	0.0000D+00
-0.5423D-03	0.3658D-02	-0.5097D-03	-0.5256D-02	0.0000D+00	0.0000D+00
0.2656D-01	-0.2121D-02	0.1446D-03	0.2055D-02	0.0000D+00	0.0000D+00
0.1033D+01	-0.1870D+01	0.2015D+00	0.2600D+01	0.1000D+01	0.0000D+00
0.4497D+01	0.3727D+00	-0.7632D-01	-0.7014D+00	0.0000D+00	0.1000D+01

($T=0.5$(s))

(16)

```
....GP1...... NI=6   NJ=1
 -0.3454D+00
 -0.1527D+00
 -0.1957D+00                                   (17)
  0.1189D+00
  0.2945D+01
 -0.9217D+00

....GP2...... NI=6   NJ=1
 -0.2595D+00
  0.2475D+00
  0.1965D+00                                   (18)
  0.8634D+00
  0.1720D+01
 -0.3760D+00
```

(15) 式～(18) 式のデータは，次の折れ線入力離散値化による最適制御問題に用いていく．

図 **4.2.1(e)** に示すように，飛行機が初期位置から終端位置まで飛行する場合，終端位置から L(km) の距離にある地点では高度 h_1(m) 以上で飛行する制限がある場合の最適制御問題について考える．これは，状態量拘束のある 2 点境界値問題で解くのは簡単でないが，KMAP ゲイン最適化法を用いると簡単に解くことができる．ここでは，飛行機の運動を折れ線入力離散値化を行って高速に解く．

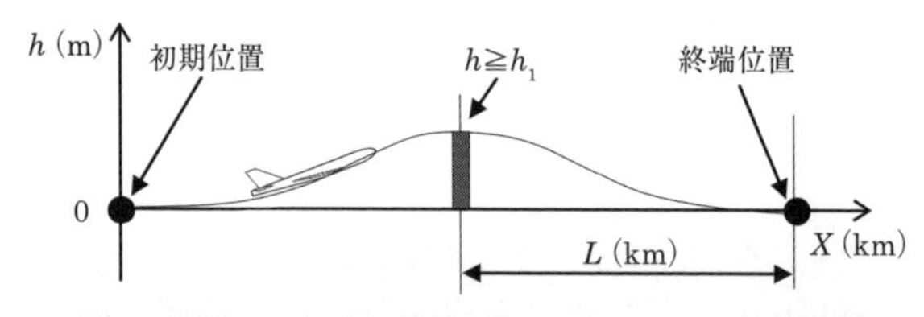

図 **4.2.1(e)**　飛行機の状態量拘束のある 2 点境界値問題

ここで，コマンド入力 $\theta_c(k)$ を図 **4.2.1(f)** のようにサンプル時間による折れ線入力を時間関数として設定する．このコマンド入力値の組み合わせは乱数を用いて設定する．

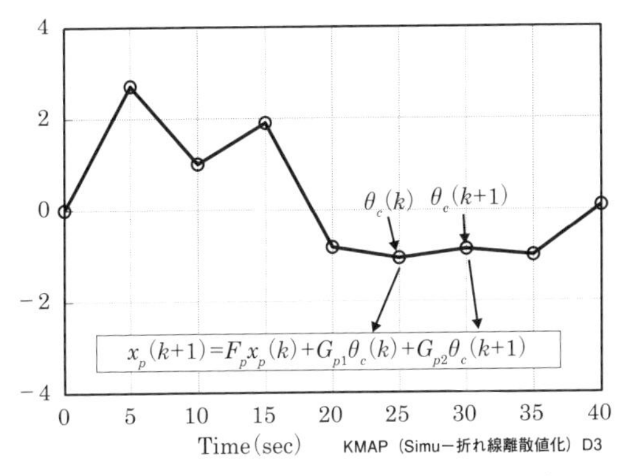

図 **4.2.1(f)**　サンプル時間による折れ線入力

初期条件，終端条件および評価関数は次のように設定する．

【初期条件】　　　　　【終端条件】

$$x_p=\begin{bmatrix}u\\ \alpha\\ q\\ \theta\\ h\\ X_2\end{bmatrix}=\begin{bmatrix}0\\0\\0\\0\\0\\0\end{bmatrix},\qquad x_p=\begin{bmatrix}u\\ \alpha\\ q\\ \theta\\ h\\ X_2\end{bmatrix}=\begin{bmatrix}-\\0\\-\\0\\0\\-\end{bmatrix},\tag{19}$$

【状態量拘束】

$$\left(\begin{array}{l}\text{終端位置から } L=1.7(\text{km}) \text{ の距離にある地点で，}\\ \text{高度 } h_1=30(\text{m}) \text{ 以上で飛行}\end{array}\right)\tag{20}$$

【評価関数】

$$J=\left(\alpha^2+\theta^2+h^2\right)_{\text{終端}}+\sum_{k=1}^{N}\left\{\theta_c(k)/\theta_{cMAX}\right\}^2,\quad (N=8)\tag{21}$$

時間間隔 5.0 秒の 8 個の折れ線入力により，終端時刻 40 秒として KMAP ゲイン最適化法により解を探索すると，55 万回の繰り返し計算により図 **4.2.1(g)** の結果が得られる．計算時間は通常のパソコンで 1 秒程度で非常に高速に解くことができる．評価関数は 0.033，距離 $L=1.74$(km) の高度は 30.5(m) で状態量拘束条件を満足している．終端条件の迎角 α は 0.13(deg)，ピッチ角 θ は −0.034(deg)，高度 h は 0.053(m) であり，評価関数に設定した状態量は小さな値となっている．

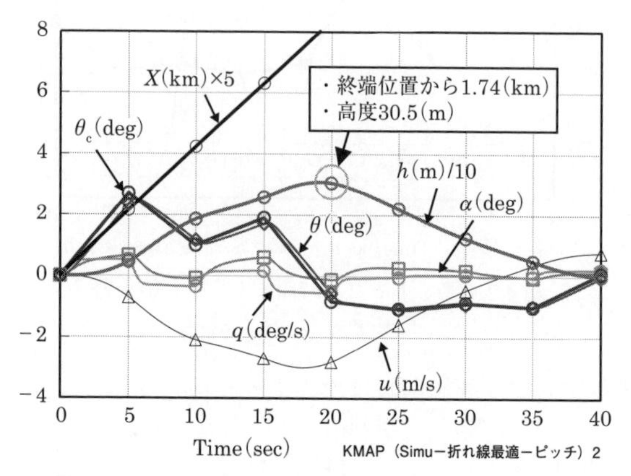

図 **4.2.1(g)**　飛行機の高度拘束のある最適制御の解

例題 4.2.2　飛行機のロール角制御系の最適制御

次に，飛行機のロール角制御系の最適制御問題を考える．飛行機の運動方程式は次式である [16]．

$$\begin{bmatrix} \dot{\beta} \\ \dot{p} \\ \dot{r} \\ \dot{\phi} \end{bmatrix} = \begin{bmatrix} \bar{Y}_\beta & \dfrac{\alpha_0}{57.3} & -1 & \dfrac{g\cos\theta_0}{V} \\ L'_\beta & L'_p & L'_r & 0 \\ N'_\beta & N'_p & N'_r & 0 \\ 0 & 1 & \tan\theta_0 & 0 \end{bmatrix} \begin{bmatrix} \beta \\ p \\ r \\ \phi \end{bmatrix} + \begin{bmatrix} 0 & \bar{Y}_{\delta r} \\ L'_{\delta a} & L'_{\delta r} \\ N'_{\delta a} & N'_{\delta r} \\ 0 & 0 \end{bmatrix} \begin{bmatrix} \delta a \\ \delta r \end{bmatrix} \tag{1}$$

ベクトルで表すと

$$\begin{cases} \dot{x}_p = A_p x_p + B_p \delta e \\ y_p = C_p x_p , \end{cases} \qquad x_p = \begin{bmatrix} \beta \\ p \\ r \\ \phi \end{bmatrix} \begin{matrix} (\text{横滑り角}) \\ (\text{ロール角速度}) \\ (\text{ヨー角速度}) \\ (\text{ロール角}) \end{matrix} \tag{2}$$

いま，次の制御を考える．

$$\begin{cases}\delta a = K_1\left(\phi - \phi_c\right) + K_2 p \\ \delta r = K_3 r\end{cases} \tag{3}$$

ここで，$K_1 = 5.0$ として，K_2，K_3 を最適化すると $K_2 = 1.563$，$K_3 = 1.462$ になる．このフィードバックにより，(2) 式は次のように変化する．

$$\begin{aligned}\dot{x}_p &= A_p x_p + B_p \begin{bmatrix}\delta a \\ \delta r\end{bmatrix} \\ &= \left\{A_p + B_p \begin{bmatrix}0 & K_2 & 0 & K_1 \\ 0 & 0 & K_3 & 0\end{bmatrix}\right\} x_p + B_p \begin{bmatrix}-K_1 \\ 0\end{bmatrix}\phi_c \\ &= A_{p1} x_p + B_{p1}\phi_c\end{aligned} \tag{4}$$

このロール角制御系の行列データは次のようになる．

```
..AP1 (F/B) ....NI=4  NJ=4
 -0.2066D+00   0.7090D-01  -0.9472D+00   0.1126D+00
 -0.5686D+01  -0.4017D+01   0.1179D+01  -0.7710D+01
  0.1393D+01  -0.1080D-01  -0.1659D+01  -0.1752D+00
  0.0000D+00   0.1000D+01   0.7102D-01   0.0000D+00
```
(5)

```
..BP1 (F/B) .... NI=  4  NJ=  1
  0.0000D+00
  0.7710D+01
  0.1752D+00
  0.0000D+00
```
(6)

このとき，連続系のロール角制御系の極・零点は，次のようである．

```
POLES(4), EIVMAX=0.2777D+01
  N       REAL               IMAG
  1 -0.19646920D+01  -0.19629817D+01  [0.7074E+00, 0.2777E+01]
  2 -0.19646920D+01   0.19629817D+01   周期 P(sec)=0.3201E+01
  3 -0.97670697D+00  -0.97576448D+00  [0.7074E+00, 0.1381E+01]
  4 -0.97670697D+00   0.97576448D+00   周期 P(sec)= 0.6439E+01
ZEROS(2), II/JJ=1/1, G=0.7722D+01
  N       REAL               IMAG
  1 -0.94772329D+00  -0.94757641D+00  [0.7072E+00, 0.1340E+01]
  2 -0.94772329D+00   0.94757641D+00  [-0.9477E+00]
```
(7)

この極・零点を図示すると図 **4.2.2(a)** のようになる．飛行機の横・方向系の運動モード極が左 45° ライン上の安定な位置に移動したことが確認できる．

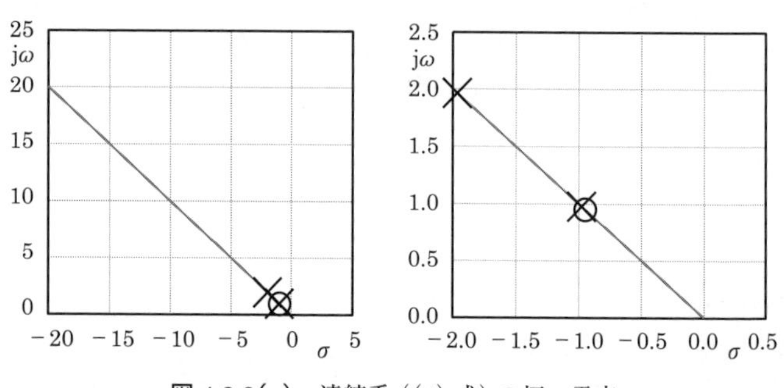

図 **4.2.2(a)**　連続系（(4) 式）の極・零点

飛行機の横の変位をみるために，(4) 式の運動方程式に Y 方向の位置を表す次の微分方程式を加える．

$$\dot{Y} = Y_1 + V(\psi + \beta), \quad \dot{Y}_1 = g\phi, \quad \dot{\psi} = r \tag{8}$$

ここで，ψ はヨー角である．なお，X 方向の位置は速度 V（一定と仮定）に時間をかけたものとする．高度については，縦系の制御系にて一定に保たれているとする．このとき，(4) 式の運動方程式は次のようになる．

$$
\begin{bmatrix} \dot{\beta} \\ \dot{P} \\ \dot{r} \\ \dot{\phi} \\ - \\ \dot{\psi} \\ \dot{Y}_1 \\ \dot{Y} \end{bmatrix}
=
\overset{A_{P2}}{\left[\begin{array}{ccc|cccc}
 & & & 0 & 0 & 0 & 0 \\
 & A_{P1} & & 0 & 0 & 0 & 0 \\
 & & & 0 & 0 & 0 & 0 \\
 & & & 0 & 0 & 0 & 0 \\
\hline
0 & 0 & 1 & 0 & 0 & 0 & 0 \\
0 & 0 & 0 & \dfrac{g}{57.3} & 0 & 0 & 0 \\
\dfrac{V}{57.3} & 0 & 0 & 0 & \dfrac{V}{57.3} & 1 & 0
\end{array}\right]}
=
\begin{bmatrix} \beta \\ P \\ r \\ \phi \\ - \\ \psi \\ Y_1 \\ Y \end{bmatrix}
+
\overset{B_{P2}}{\begin{bmatrix} \\ B_{P1} \\ \\ - \\ 0 \\ 0 \\ 0 \end{bmatrix}}
\phi_c
\tag{9}
$$

(DGT404.DAT)

図 **4.2.2(b)** は，ϕ_c コマンドのステップ応答シミュレーションである．ロール角 ϕ がコマンド ϕ_c に追従していることが確認できる．

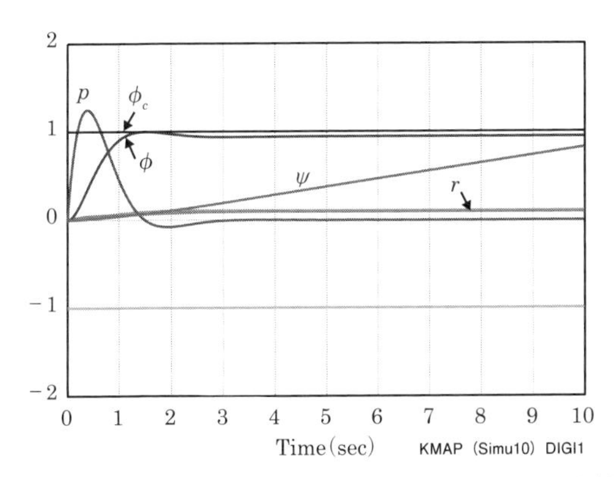

図 **4.2.2(b)**　連続系（(9) 式）の ϕ_c コマンドステップ応答

さて，この (9) 式で表される連続系のロール角制御系の状態方程式を，サンプル時間 0.5(s) で 0 次ホールド付き z 変換して極を確認してみる．

$$
x_p(k+1) = F_p x_p(k) + G_p \phi_c(k) \tag{10}
$$

ただし，

```
....FP....... NI=7  NJ=7
 0.7577D+00   0.1750D-01  -0.2777D+00   0.2137D-01   0.0000D+00
 0.0000D+00   0.0000D+00
-0.6706D+00  -0.1183D+00   0.2782D+00  -0.1229D+01   0.0000D+00
 0.0000D+00   0.0000D+00
 0.4276D+00  -0.2737D-02   0.3435D+00  -0.3415D-01   0.0000D+00
 0.0000D+00   0.0000D+00
-0.2995D+00   0.1527D+00   0.1192D+00   0.5174D+00   0.0000D+00
 0.0000D+00   0.0000D+00
 0.1274D+00  -0.1020D-02   0.3217D+00  -0.1239D-01   0.1000D+01
 0.0000D+00   0.0000D+00
-0.1085D-01   0.1045D-01   0.4277D-02   0.6891D-01   0.0000D+00
 0.1000D+01   0.0000D+00
 0.7125D+00   0.1044D-01   0.1555D-01   0.2702D-01   0.7574D+00
 0.5000D+00   0.1000D+01
```
(11)

$(T=0.5(\mathrm{s}))$

```
....GP....... NI=7  NJ=1
  0.2934D-01
  0.1194D+01
  0.4763D-01
  0.4754D+00
  0.1473D-01
  0.1643D-01
  0.1485D-01
```
(12)

このサンプル時間 0.5(s) での 0 次ホールド付き z 変換の極・零点は，次のようである．

```
POLES(7), EIVMAX=0.1000D+01
   N        REAL              IMAG
   1   0.20809760D+00  -0.31129533D+00
   2   0.20809760D+00   0.31129533D+00
   3   0.54204660D+00  -0.28765258D+00
   4   0.54204660D+00   0.28765258D+00
   5   0.10000000D+01   0.00000000D+00
   6   0.10000000D+01   0.00000000D+00
   7   0.10000000D+01   0.00000000D+00
ZEROS(6), II/JJ=1/1, G=0.4754D+00
   N        REAL              IMAG
   1  -0.50253550D+00   0.00000000D+00
   2   0.55417724D+00  -0.28387864D+00
   3   0.55417724D+00   0.28387864D+00
   4   0.10000000D+01   0.00000000D+00
   5   0.10000000D+01   0.00000000D+00
   6   0.10000000D+01   0.00000000D+00
```

$(T=0.5(\mathrm{s}))$ (13)

この極・零点を図示すると図 **4.2.2(c)** のようになる．図 **4.2.2(d)** は，ϕ_c コマンドステップ応答である．図 4.2.2(b) の連続系のシミュレーション結果と同等な結果であることがわかる．

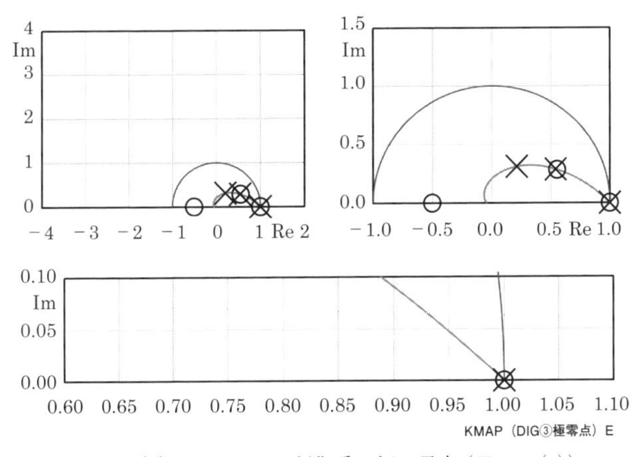

図 **4.2.2(c)** ディジタル制御系の極・零点 $(T=0.5(\mathrm{s}))$

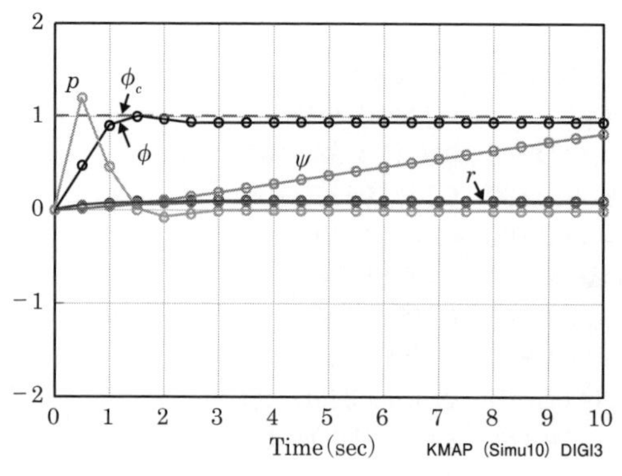

図 4.2.2(d)　ϕ_c コマンドステップ応答（$T=0.5$(s)）

以上，飛行機のロール角制御系について，連続系の特性とサンプル時間 0.5(s) の 0 次ホールド付き z 変換離散値系の特性を示した．

（注意）以上は tmax＝10(s)，T＝0.5(s)，以下は tmax＝ 40(s)，T＝ 5(s) で計算.

次に，このロール角制御系を用いて折れ線入力離散値化による最適制御問題を解いてみる．ピッチ角制御系の場合と同様に，40 秒間の飛行機の運動に対して 8 点の折れ線入力を用いる．したがって，サンプル時間を 5.0(s) として，折れ線入力離散値化を行うと次のようになる．

$$x_p(k+1) = F_p x_p(k) + G_{p1}\phi_c(k) + G_{p2}\phi_c(k+1) \tag{14}$$

ただし，

```
....FP....... NI=7   NJ=7
-0.4106D-02  -0.2554D-03   0.7036D-02  -0.3052D-03   0.0000D+00
 0.0000D+00   0.0000D+00
-0.1321D-01  -0.3723D-03   0.7412D-02  -0.1489D-03   0.0000D+00
 0.0000D+00   0.0000D+00
-0.1215D-01  -0.3108D-03   0.6626D-02  -0.2030D-03   0.0000D+00
 0.0000D+00   0.0000D+00                                              (15)
 0.6084D-02   0.2920D-03  -0.8007D-02   0.2607D-03   0.0000D+00
 0.0000D+00   0.0000D+00
 0.8036D+00   0.8467D-02   0.1450D+00  -0.2171D-01   0.1000D+01
 0.0000D+00   0.0000D+00
-0.8576D-01   0.1940D-01   0.6720D-01   0.8478D-01   0.0000D+00
 0.1000D+01   0.0000D+00
```

```
0.5752D+01   0.1603D+00   0.1228D+01   0.2814D+00   0.7574D+01
0.5000D+01   0.1000D+01
```
(15)

$(T=0.5(\mathrm{s}))$

```
....GP1...... NI=7   NJ=1
 0.1455D-01
-0.1887D+00
 0.1558D-01
 0.9002D-01
 0.2132D+00
 0.3992D+00
 0.2385D+01
```
(16)

```
....GP2...... NI=7   NJ=1
 0.8672D-01
 0.1831D+00
 0.7472D-01
 0.8522D+00
 0.1604D+00
 0.3296D+00
 0.1135D+01
```
(17)

(14) 式～(17) 式のデータは，次の折れ線入力離散値化による最適制御問題に用いていく．

図 4.2.2(e) に示すように，飛行機が初期位置から終端位置まで飛行する場合，終端位置から L(km) の距離にある地点では横変位 Y_1(m) 以上で飛行する制限がある場合の最適制御問題について考える．

ここで，(14) 式のコマンド入力 $\phi_c(\mathrm{k})$ を，図 4.2.1 (f) のようなサンプル時間による折れ線入力を時間関数として設定する．このコマンド入力値の組み合わせは乱数を用いて設定する．

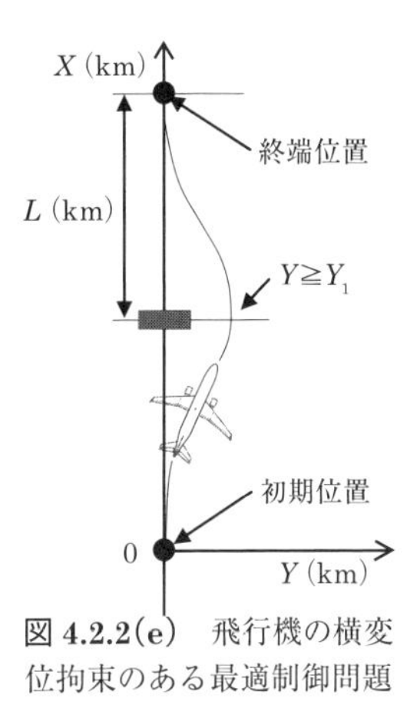

図 4.2.2(e)　飛行機の横変位拘束のある最適制御問題

初期条件，終端条件および評価関数は次のように設定する．

【初期条件】　　　　　【終端条件】

$$x_p = \begin{bmatrix} \beta \\ p \\ r \\ \phi \\ \psi \\ Y_1 \\ Y \end{bmatrix} = \begin{bmatrix} 0 \\ 0 \\ 0 \\ 0 \\ 0 \\ 0 \\ 0 \end{bmatrix}, \qquad x_p = \begin{bmatrix} \beta \\ p \\ r \\ \phi \\ \psi \\ Y_1 \\ Y \end{bmatrix} = \begin{bmatrix} - \\ 0 \\ - \\ 0 \\ - \\ - \\ 0 \end{bmatrix} \tag{18}$$

【状態量拘束】

$$\left(\begin{array}{l} \text{終端位置から } L = 1.7(\text{km}) \text{ の距離にある地点で,} \\ \text{変位 } Y_1 = 10(\text{m}) \text{ 以上で飛行} \end{array} \right) \tag{19}$$

【評価関数】

$$J = \left(p^2 + \phi^2 + 10Y^2\right)_{\text{終端}} + \sum_{k=1}^{N} \left\{\phi_c(k)/\phi_{cMAX}\right\}^2, \qquad (N = 8) \tag{20}$$

時間間隔 5.0 秒の 8 個の折れ線入力により，終端時刻 40 秒として KMAP ゲイン最適化法により解を探索すると，55 万回の繰り返し計算により図 **4.2.2(f)** の結果が得られる．計算時間は通常のパソコンで 1 秒程度で非常に高速に解くことができる. 評価関数は 1.05, 距離 $L = 1.74$(km) における横変位 Y は 11.1(m) で状態量拘束条件を満足している．終端条件のロール角速度 p は 0.039(deg/s)，ロール角 ϕ は -0.136(deg)，横変位 Y は 0.159(m) であり，評価関数に設定した状態量は小さな値となっている．

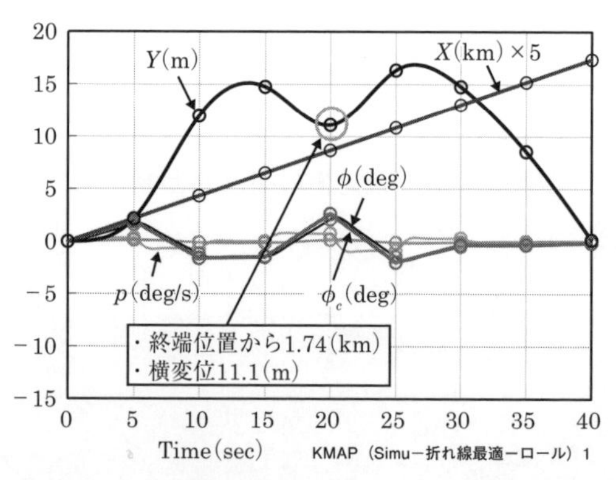

図 **4.2.2(f)**　飛行機の横変位拘束のある最適制御の解

例題 4.2.3　飛翔体の最適航法

図 4.2.3(a) に示す飛翔体（自機）を目標機に会合させる問題を折れ線入力離散値化による最適航法問題として解くことを考える．

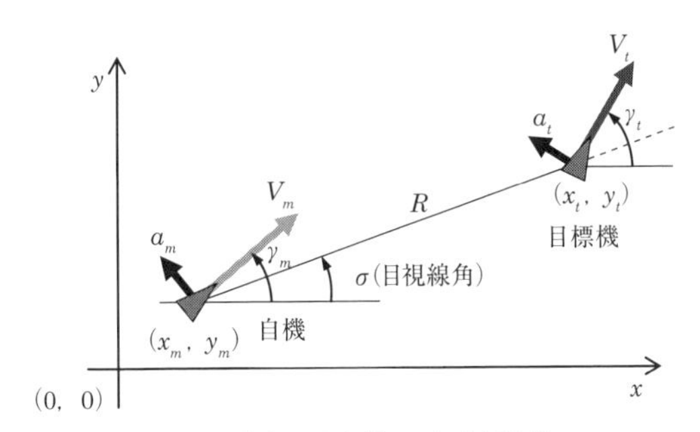

図 4.2.3(a)　飛翔体の平面内運動

運動方程式は次のように表されると仮定する[31)]．

$$\begin{cases} \dot{x}_m = V_m \cos\gamma_m \\ \dot{y}_m = V_m \sin\gamma_m \end{cases} \tag{1}$$

$$\begin{cases} \dot{x}_t = V_t \cos\gamma_t \\ \dot{y}_t = V_t \sin\gamma_t \end{cases} \tag{2}$$

ここで，$(x_m,\ y_m)$ および $(x_t,\ y_t)$ は自機および目標機の座標で初期値が既知，V_m および V_t は自機および目標機の速度で一定，γ_m および γ_t は自機および目標機の経路角で初期値が既知である．経路角の運動方程式は次式で表される．

$$\dot{\gamma}_m = \frac{a_m}{V_m}, \quad \dot{\gamma}_t = \frac{a_t}{V_t}, \quad a_m = U\left(m/s^2\right) \tag{3}$$

ここで，a_m および a_t は自機および目標機の横加速度である．このうち，目標機の横加速度 a_t は一定とする．ここでは，簡単のため横加速度 a_m はコマンド入力 U に等しいとする．このとき，速度一定で 5G 旋回している目標機に対して，自機の横加速度を制御して会合地点におけるミスディスタンス（自機と目標機との会合誤差）を小さくするように，自機の横加速度のコマンド入力を求める．これは 2 点境界値問題であり，その解を得るのは簡単ではない．文献 31）では，KMAP ゲイン最適化法により，乱数を用いてそのコマンド量の組み合わせの中から横加速度コマンド入力量の時間関数を仮定してシミュレーションにより，自機と目標機が会合するように誘導し，よい精度で会合できることが明らかにされた．ここでは，さらに，折れ線入力離散値化の手法を用いて，計算時間を短縮することを考える．

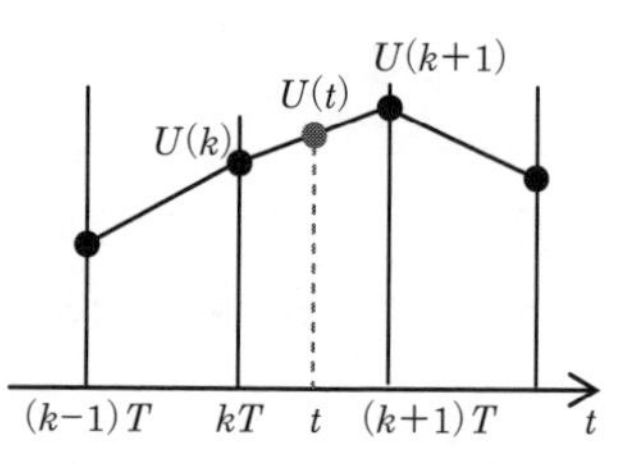

図 **4.2.3(b)**　折れ線入力離散値化

入力 $U(t)$ は図 **4.2.3(b)** に示すように折れ線で表すと次のようになる．

$$\begin{aligned} U(t) &= U(k) + \frac{U(k+1) - U(k)}{T}(t - kT) \\ &= at + b, \quad KT \le t \le (k+1)T, \quad (k = 1, 2, \cdots) \end{aligned} \tag{4}$$

ただし，

$$a = \frac{U(k+1) - U(k)}{T}, \quad b = (k+1)U(k) - kU(k+1) \tag{5}$$

自機の横加速度 a_m はコマンド入力 U（m/s^2）に等しいと仮定しているので，自機の経路角 γ_m は（3）式から次のように表される．

$$\dot{\gamma}_m = \frac{1}{V_m} U = \frac{1}{V_m}(at + b) \tag{6}$$

いま，$e = 0 \sim 1$ として，（6）式を $t = kT \sim (k+e)T$ まで積分して離散値化すると次の運動方程式が得られる．

$$\begin{aligned} \gamma_m(k+e) &= \gamma_m(k) + \frac{1}{V_m}\int_{kT}^{(k+e)T}(at + b)dt \\ &= \gamma_m(k) + \frac{eT}{V_m}\{a(k + e/2)T + b\} \end{aligned} \tag{7}$$

したがって，e を 1.0 および 0.5 とすると，次式が得られる．

$$\begin{cases} \gamma_m(k+1) = \gamma_m(k) + \dfrac{T}{V_m}\{a(k+1/2)T + b\} \\ \gamma_m(k+0.5) = \gamma_m(k) + \dfrac{0.5T}{V_m}\{a(k+1/4)T + b\} \end{cases} \tag{8}$$

次に，目標機の経路角 γ_t は速度 V_t および横加速度 a_t は一定であるから，(3) 式を $t = kT \sim (k+e)T$ まで積分して離散値化すると

$$\gamma_t(k+e) = \gamma_t(k) + \frac{a_t}{V_t}\int_{kT}^{(k+e)T} dt = \gamma_t(k) + \frac{ea_tT}{V_t} \tag{9}$$

したがって，e を 1.0 および 0.5 とすると，次式が得られる.

$$\begin{cases} \gamma_t(k+1) = \gamma_t(k) + \dfrac{a_tT}{V_t} \\ \gamma_t(k+0.5) = \gamma_t(k) + \dfrac{0.5a_tT}{V_t} \end{cases} \tag{10}$$

次に，(1) 式の微分方程式を Simpson の 1/3 積分公式を用いて離散値化する. このとき (8) 式を用いて次式が得られる.

$$\begin{cases} x_m(k+1) = x_m(k) + V_m\int_{kT}^{(k+1)T} \cos\gamma_m(t)dt \\ \quad = x_m(k) + \dfrac{V_mT}{6}\{\cos\gamma_m(k) + \cos\gamma_m(k+1) + 4\cos\gamma_m(k+0.5)\} \\ y_m(k+1) = y_m(k) + V_m\int_{kT}^{(k+1)T} \sin\gamma_m(t)dt \\ \quad = y_m(k) + \dfrac{V_mT}{6}\{\sin\gamma_m(k) + \sin\gamma_m(k+1) + 4\sin\gamma_m(k+0.5)\} \end{cases} \tag{11}$$

同様に，(2) 式を (10) 式を用いて離散値化すると次式が得られる.

$$\begin{cases} x_t(k+1) = x_t(k) + V_t\int_{kT}^{(k+1)T} \cos\gamma_t(t)dt \\ \quad = x_t(k) + \dfrac{V_tT}{6}\{\cos\gamma_t(k) + \cos\gamma_t(k+1) + 4\cos\gamma_t(k+0.5)\} \\ y_t(k+1) = y_t(k) + V_t\int_{kT}^{(k+1)T} \sin\gamma_t(t)dt \\ \quad = y_t(k) + \dfrac{V_tT}{6}\{\sin\gamma_t(k) + \sin\gamma_t(k+1) + 4\sin\gamma_t(k+0.5)\} \end{cases} \tag{12}$$

さて，最適航法における初期条件，終端条件および評価関数は次のようである．

$$【初期条件】\begin{cases}(x_m,\ y_m,\ \gamma_m)=(50\text{km},\ 0\text{km},\ 160\text{deg})\\(x_t,\ y_t,\ \gamma_t)=(50\text{km},\ 20\text{km},\ -170\text{deg})\end{cases}\quad(13)$$

$$【終端条件】(x_d,\ y_d)=(x_t-x_m,\ y_t-y_m)=(0\text{km},\ 0\text{km})\quad(14)$$

$$【評価関数】J=(x_t-x_m)^2+(y_t-y_m)^2\quad(15)$$

また，両機の特性値は次とする

$$\begin{cases}自機の速度 &: V_m=3000(\text{m/s})\ 一定\\目標機の速度 &: V_t=3000(\text{m/s})\ 一定\\自機の横加速度 &: U=20\times9.8(\text{m/s}^2)\ (最大値)\\目標機の横加速度 &: a_t=5\times9.8(\text{m/s}^2)\ 一定\end{cases}\quad(\text{DGT405.DAT})\quad(16)$$

ここで，自機の横加速度コマンド U を時間関数として設定した例を図 **4.2.3(c)** に示す．14 秒間を 8 当分した場合の折れ線関数である．

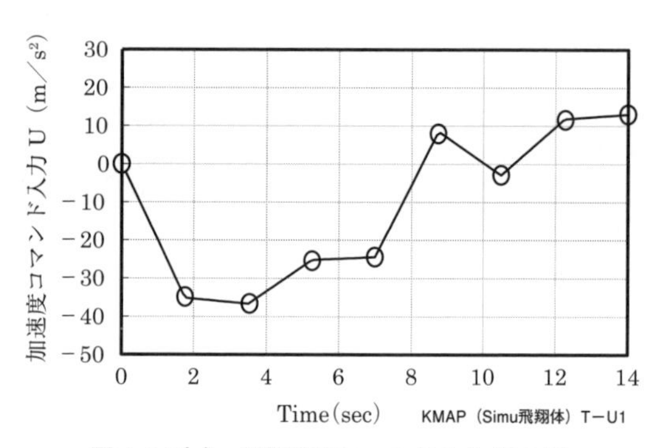

図 **4.2.3(c)**　横加速度コマンド入力 U の例

この横加速度コマンド U を用いて，(8) 式～(12) 式の運動方程式を (13) 式の初期条件のもとで，(14) 式の終端条件を満足するとともに，(15) 式の評価関数が最小になるように最適化計算を実施すると，**図 4.2.3(d)** および**図 4.2.3(e)** の結果が得られる．図 4.2.3(d) は，5g で旋回する目標機に対して，自機が会合していく平面内運動の軌跡である．自機は，最初の 2 秒ほど目標機の方へ旋回するが，その後約 18g の大きな横加速度で会合点に向かって反対方向に旋回していき．X 方向に 40km ほど移動した時点で会合している．両機の速度は 3000m/s と非常に高速であり，そのため旋回には大きな加速度が必要であることがわかる．図 4.2.3(e) は，その詳細のタイムヒストリーである．

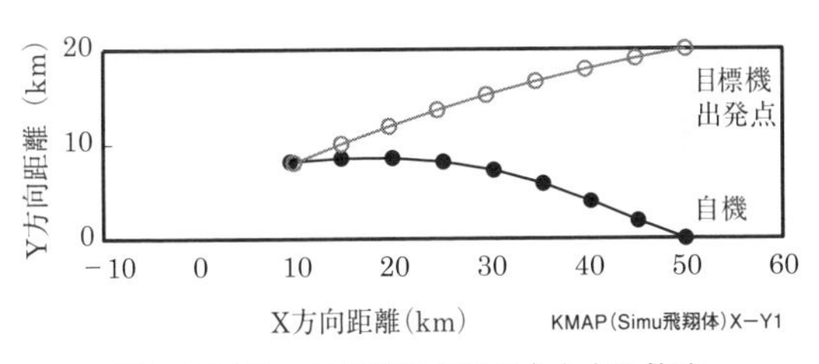

図 **4.2.3(d)**　目標機に自機が会合する軌跡

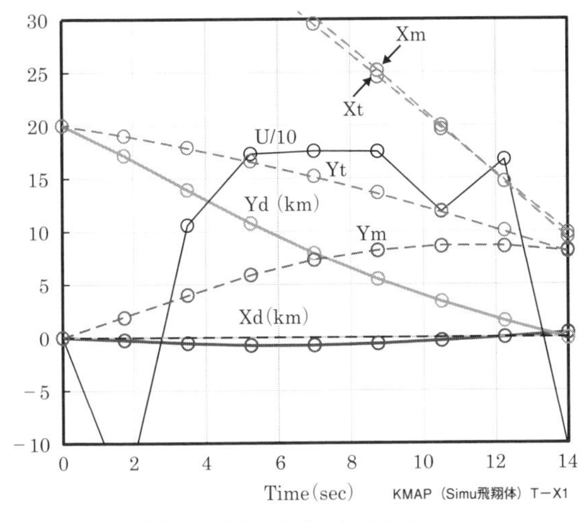

図 **4.2.3(e)**　タイムヒストリー

図 4.2.3 (d) および図 4.2.3(e) は，いずれも離散値系の計算であり，図中の点（●印および○印）のみが実際の値である．図中の線はそれらの点を単につないだものである．ただし，図 4.2.3(e) の横加速度コマンド U だけは折れ線部を含めて実際の値である．

文献 31) では，同種の問題を連続系の運動方程式のまま時間積分して最適航法解を求めているが，計算の所用時間は約 45 秒であった．これに対して，ここで用いた折れ線入力離散値化による方法では，2 秒弱で最適航法解を得ることができた．折れ線入力離散値化による最適航法計算は大幅に時間を短縮できることがわかる．

例題 4.2.4　2 輪車両の車庫入れ時の最適制御

次に，例題 3.1 で検討した 2 輪車両の車庫入れ問題について，折れ線入力離散値化の方法により，最適制御の計算時間を短縮することを検討する．2 輪車両の運動は図 3.1（a）に示したものと同じである．運動方程式は次式である．

$$\begin{cases} \dot{x} = v\cos\theta \\ \dot{y} = v\sin\theta \\ \dot{\theta} = \omega \end{cases} \tag{1}$$

ここで，v は 2 輪車両の中点における速度ベクトルの大きさ，ω は速度ベクトルの回転角速度，θ は速度ベクトルの方向を表す．このとき，速度 v と角速度 ω を制御することにより，到着点位置に車庫入れする問題である．この 2 点境界値問題問題の初期条件，終端条件および評価関数は次のようである．

【初期条件】
$$\begin{cases} (x,\ y,\ \theta) = (10\text{m},\ 20\text{m},\ 0\text{deg}) \\ (v,\ \omega) = (0\text{m/s},\ 0\text{deg/s}) \end{cases} \tag{2}$$

【終端条件】
$$\begin{cases} (x,\ y,\ \theta) = (0\text{m},\ 0\text{m},\ 0\text{deg}) \\ (v,\ \omega) = (0\text{m/s},\ 0\text{deg/s}) \end{cases} \quad (\text{DGT406.DAT}) \tag{3}$$

【評価関数】
$$J = y^2 + 0.01\theta^2 + v^2 + \omega^2 \tag{4}$$

例題 3.1 では，折れ線入力で表現された速度 v および角速度 ω に対して，(1) 式の運動方程式を時間積分して諸条件を満足するように解を求めた．操作入力 2 個に対してそれぞれ 5 点（初期の 0 は除く），合計 10 個のデータを 100 万回の繰り返し計算で求めたが，運動方程式の時間積分に時間がかかるため，普通のパソコンにて 20 秒程度の時間を要した．後で実時間最適制御の解法を行うためには計算時間を数秒程度に削減する必要がある．削減する方法の 1 つとして，100 万回の繰り返し計算を 55 万回にする．それは，繰り返し計算の過程において 50 万回以上の解の精度はさほど向上しないことによる．削減のもう 1 つの方法が折れ線入力に基づく離散値化である．離散値化は次のように行う．

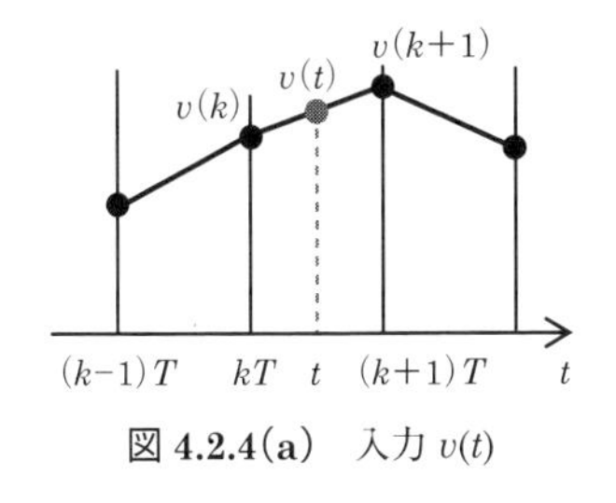

図 **4.2.4(a)**　入力 $v(t)$

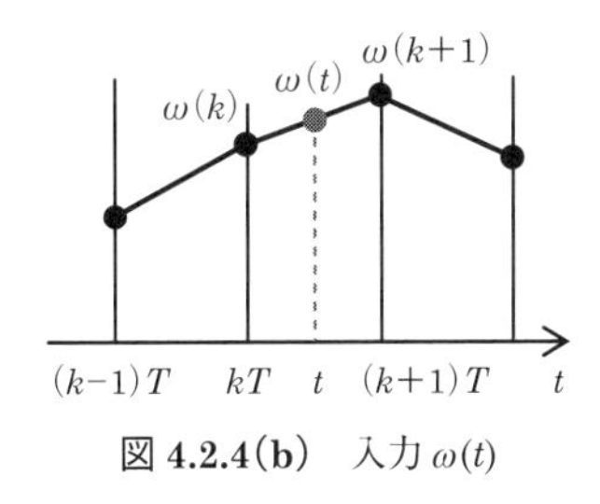

図 **4.2.4(b)**　入力 $\omega(t)$

図 **4.2.4(a)** および図 **4.2.4(b)** は，速度 v および角速度 ω の折れ線入力である．初期値の 0 の他にそれぞれ 5 個の入力値が乱数によって設定される．まず，$kT \le t \le (k+1)T$ における値 $v(t)$ を求めると次のようになる．

$$\begin{aligned} v(t) &= v(k) + \frac{v(k+1)-v(k)}{T}(t-kT) \\ &= \frac{v(k+1)-v(k)}{T}t + (k+1)v(k) - kv(k+1) \\ &= at+b, \quad KT \le t \le (k+1)T, \quad (k=1,2,\cdots) \end{aligned} \tag{5}$$

ただし，

$$a = \frac{v(k+1)-v(k)}{T}, \quad b = (k+1)v(k) - kv(k+1) \tag{6}$$

次に，$kT \le t \le (k+1)T$ における値 $\omega(t)$ は次式で表される．

$$\begin{aligned} \omega(t) &= \omega(k) + \frac{\omega(k+1)-\omega(k)}{T}(t-kT) \\ &= \frac{\omega(k+1)-\omega(k)}{T}t + (k+1)\omega(k) - k\omega(k+1) \\ &= ct+d, \quad KT \le t \le (k+1)T, \quad (k=1,2,\cdots) \end{aligned} \tag{7}$$

ただし，

$$c = \frac{\omega(k+1)-\omega(k)}{T}, \quad d = (k+1)\omega(k) - k\omega(k+1) \tag{8}$$

したがって，(1) 式の運動方程式の第 3 式を積分すると

$$\theta = \int \omega dt = \int (ct + d) dt = \frac{c}{2} t^2 + dt + H \tag{9}$$

ここで，H は積分定数であるが，次のように決定できる．$t=kT$ のとき $\theta(k)$ とおくと

$$\theta(k) = \frac{c}{2}(kT)^2 + dkT + H, \quad \therefore H = \theta(k) - \frac{c}{2}(kT)^2 - dkT \tag{10}$$

これから，速度ベクトルの方向 θ が次のように得られる．

$$\theta(t) = \theta(k) + \frac{c}{2}\left\{t^2 - (kT)^2\right\} + d(t - kT) \tag{11}$$

さて，(5) 式および (11) 式により，(1) 式の運動方程式の第 1 式が次式で表される．

$$\begin{aligned} f(t) &= \dot{x} = v(t)\cos\theta(t) \\ &= (at + b)\cos\left[\theta(k) + \frac{c}{2}\left\{t^2 - (kT)^2\right\} + d(t - kT)\right] \end{aligned} \tag{12}$$

(12) 式を $t=kT \sim (k+1)T$ で積分することにより，2 輪車両の x 方向の移動距離を計算する．この積分は，計算時間を短くするために以下の方法で行う．

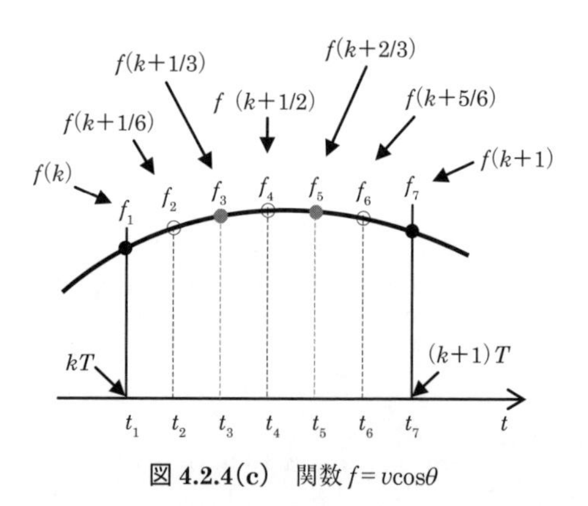

図 **4.2.4(c)**　関数 $f = v\cos\theta$

関数 $f(t)$ の積分は，Simpson の 1/3 積分公式を用いて離散値化して行う．図

4.2.4(c) に示すように，関数 $f(t)$ を $kT \le t \le (k+1)T$ の範囲で 6 等分した f_1 ～ f_7 の値を用いて x_3，x_5，x_7 を求める。

$$\begin{cases} x\left(k+1/3\right) = x\left(k\right) + \int_{kT}^{(k+1/3)T} f\left(t\right)dt \\ \qquad\qquad = x\left(k\right) + \dfrac{1}{3} \times \dfrac{T}{6}\left\{f\left(kT\right) + f\left(\left(k+1/3\right)T\right) + 4f\left(\left(k+1/6\right)T\right)\right\} \\ x\left(k+2/3\right) = x\left(k+1/3\right) + \int_{(k+1/3)T}^{(k+2/3)T} f\left(t\right)dt \\ \qquad\qquad = x\left(k+1/3\right) + \dfrac{1}{3} \times \dfrac{T}{6}\left\{f\left(k+1/3\right) + f\left(k+2/3\right) + 4f\left(k+1/2\right)\right\} \\ x\left(k+1\right) = x\left(k+2/3\right) + \int_{(k+2/3)T}^{(k+1)T} f\left(t\right)dt \\ \qquad\qquad = x\left(k+2/3\right) + \dfrac{1}{3} \times \dfrac{T}{6}\left\{f\left(k+2/3\right) + f\left(k+1\right) + 4f\left(k+5/6\right)\right\} \end{cases} \tag{13}$$

(1) 式の運動方程式の第 2 式についても同様に次のように表される．

$$\begin{aligned} g\left(t\right) &= \dot{y} = v\left(t\right)\sin\theta\left(t\right) \\ &= \left(at+b\right)\sin\left[\theta\left(k\right) + \frac{c}{2}\left\{t^2 - \left(kT\right)^2\right\} + d\left(t-kT\right)\right] \end{aligned} \tag{14}$$

関数 $g(t)$ の積分の y は，離散値化して次のように得られる．

$$\begin{cases} y\left(k+1/3\right) = y\left(k\right) + \dfrac{1}{3} \times \dfrac{T}{6}\left\{g\left(kT\right) + g\left(\left(k+1/3\right)T\right) + 4g\left(\left(k+1/6\right)T\right)\right\} \\ y\left(k+2/3\right) = y\left(k+1/3\right) + \dfrac{1}{3} \times \dfrac{T}{6}\left\{g\left(k+1/3\right) + g\left(k+2/3\right) + 4g\left(k+1/2\right)\right\} \\ y\left(k+1\right) = y\left(k+2/3\right) + \dfrac{1}{3} \times \dfrac{T}{6}\left\{g\left(k+2/3\right) + g\left(k+1\right) + 4g\left(k+5/6\right)\right\} \end{cases} \tag{15}$$

操作入力 v および ω は初期値の 0 のほかにそれぞれ 5 個の入力値が乱数によって設定される．1.5 秒程度の間隔で運動の状態量を評価できればよいと仮定して，1 サンプル時間の間にさらに 2 点で状態量が計算されるので，サンプル時間はその 3 倍の 4.4 秒とした．このとき，(1) 式の車両運動方程式（微分方程式）を離散値化した (13) 式および (15) 式を用いて，(2) 式の初期条件のもとで，(3) 式の終端条件を満足するとともに評価関数が最小になるように KMAP ゲイン最適化を実施すると図 **4.2.4(d)** および図 **4.2.4(e)** の結果が得られる．図 4.2.4(d) は，車両運動の平面の軌跡と，速度 v および速度の方向 θ を示したものである．最初，速度の増加とともに，機首を左に振りながら約 15m 進んだ後，切り返して姿勢を戻しながらバックしている様子がわかる．

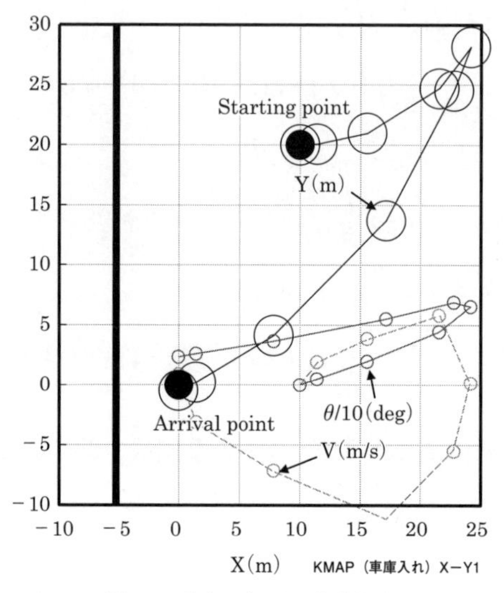

図 **4.2.4(d)**　車両の移動軌跡

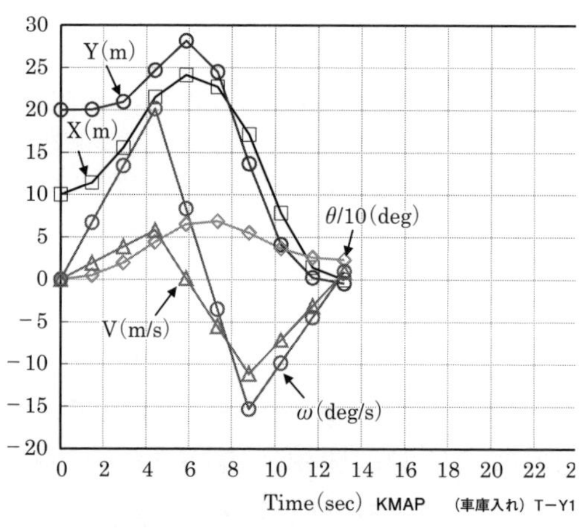

図 **4.2.4(e)**　タイムヒストリー

図 4.2.4(e) はタイムヒストリーである．速度 v および角速度 ω の折れ線入力は 3 点で終了していることがわかる．折れ線を構成する直線には両端のほかに 2

点が追加されていることが確認できる．なお，2 輪車両の位置 x および y はほぼ 0 になっているが，速度の方向 θ は 25° 程度となっている．第 5 章では実時間最適制御の結果として，θ もほぼ 0 になることが示される．

ここで求めた折れ線入力離散値化による 2 輪車両の車庫入れの計算時間は約 1.5 秒に短縮することができた．例題 3.1 で求めた連続系による積分を利用した車庫入れは 20 秒程度必要であったので，折れ線入力離散値化による最適制御計算は大幅に時間を短縮できることがわかる．

第5章　折れ線入力離散値化による実時間最適制御

いよいよ本題の実時間最適制御問題について述べる．第4章において，ダイナミクスを折れ線入力離散値化すると，連続系の微分方程式を細かく積分することなしに，サンプル時間を長くして最適制御を解くための計算時間を短縮することが可能になることを述べた．これを応用して本章では，時間に対して折れ線の入力を乱数で定義して，モンテカルロ法を応用したKMAPゲイン最適化法により，実時間で最適制御を解く方法について述べる．ここで，「実時間で解く」とは定められた時間内に最適制御の解を得る，すなわち時間内に処理が終わればよいということである．

5.1　実時間最適制御－飛行機の障害物回避運動

例題4.2.1および例題4.2.2では飛行経路上の制約があらかじめわかっている場合の最適制御問題を検討した．ここでは，飛行中に障害物が発見された時点で，それを回避する操舵を行い，それを回避した後は引き続き元の終端条件に向かう最適制御問題を考える．それには実時間で最適制御問題を解く必要がある．具体的な方法を以下の例題を解くことで学ぶ．

例題5.1.1　ピッチ角制御系の実時間障害物回避

実時間最適制御の目的は，刻々と変化する環境に対処することである．単に決まった初期位置と終端位置の条件を満足する解を得るのであれば，事前に計算しておくことができる．しかし例えば，途中で何らかの要因で進路変更を余儀なくされる場合には，最適制御計算をやり直す必要がある．このような場合，最適制御を実時間で解く必要がある．

本書における実時間最適制御の方法は，2点境界値問題の解法をサンプル時間ごとに更新していく方法である．ここでは，例題4.2.1で検討した飛行機のピッチ角制御系を用いて考えよう．**図 5.1.1(a)** に示すように，初期位置から終端位置までをサンプル時間 T の 8 ステップの折れ線入力コマンド $\theta_c(k)$ の最適制御解に沿って飛行すると考える．単独の最適制御については例題 4.2.1 において既に検討した．ここでは，ステップ 4 の位置に障害物があり，その 2 ステップ前に障害物を関知して最適制御計算を 1 ステップの間に完了して，障害物の 1 ステップ前から障害物回避操舵を開始する，というシナリオである．実時間最適制御を実現するには，1 ステップの間に最適制御の計算を終了する必要がある．

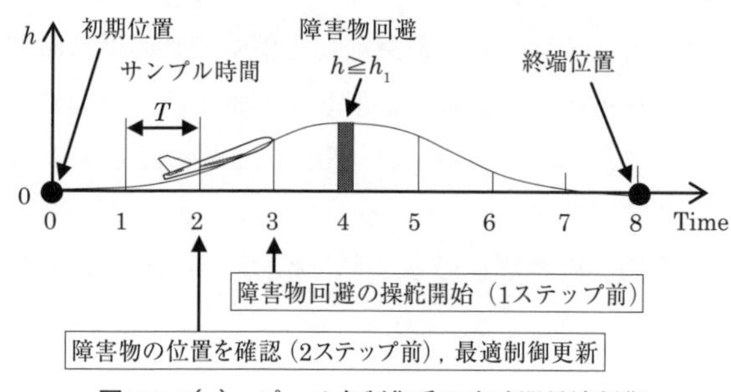

図 5.1.1(a)　ピッチ角制御系の実時間最適制御

図 5.1.1(a) において，具体的には飛行機の初期位置から終端位置まで約 3.5 (km) のほぼ中央付近である終端位置から 1.7(km) の地点（ステップ 4，時刻 20 秒付近）において，高度を $h_1 = 30$(m) 以上にすることを考える．この状態が最初からわかっている場合は既に図 4.2.1(g) に示した．

この実時間最適制御は，終端位置から 1.7(km) の地点（ステップ 4）に達する 2 ステップ前に，高度を 30(m) 以上にすることが要求される．最適制御計算における初期条件，終端条件および評価関数は次のように設定する．

【初期条件】　　　　　　　　　　　　　　　　【終端条件】

$$x_p = \begin{bmatrix} u \\ \alpha \\ q \\ \theta \\ h \\ X_2 \end{bmatrix} = \begin{bmatrix} u_k \\ \alpha_k \\ q_k \\ \theta_k \\ h_k \\ X_{2k} \end{bmatrix}, \quad \left(\begin{array}{l}\text{1 ステップ前の最適}\\\text{制御解のうちで，1}\\\text{サンプル時間後の値}\\\text{を初期条件として次}\\\text{のステップの最適制}\\\text{御計算を更新}\end{array}\right) \qquad x_p = \begin{bmatrix} u \\ \alpha \\ q \\ \theta \\ h \\ X_2 \end{bmatrix} = \begin{bmatrix} - \\ 0 \\ - \\ 0 \\ 0 \\ - \end{bmatrix} \tag{1}$$

(DGT501. DAT)

【状態量拘束】

$$\left(\begin{array}{l}\text{終端位置から } L=1.7(\text{km}) \text{ の距離にある地点で,}\\ \text{高度 } h_1=30(\text{m}) \text{ 以上で飛行}\end{array}\right) \tag{2}$$

【評価関数】

$$J=\left(\alpha^2+\theta^2+h^2\right)_{\text{終端}}+\sum_{k=1}^{N}\left\{\theta_c(k)/\theta_{cMAX}\right\}^2, \qquad (N=8) \tag{3}$$

時間間隔 5.0 秒の 8 個の折れ線入力により，終端時刻 40 秒として KMAP ゲイン最適化法により解を探索すると，55 万回の繰り返し計算により各ステップにおける最適制御解が得られる．

図 5.1.1(b)～**図 5.1.1(g)** に各ステップにおける折れ線入力結果を示す．ステップ 1（T= 5.0 秒）は計算開始時の最適制御の結果，ステップ 2 はそれから 1 サンプル時間だけ経過後の再計算結果である．図 5.1.1(b)（ステップ 1）の最適制御計算は運動開始前に完了しているとし，0 ～ 5 秒の間はその解で飛行を開始する．この 0 ～ 5 秒の運動の間に，5 秒における状態量を初期条件として終端条件までの最適制御の再計算を行う．このとき，残りの 35 秒間を新たに 8 分割して計算が実施される．これが図 5.1.1(c) のステップ 2 の結果（T= 4.38 秒）である．

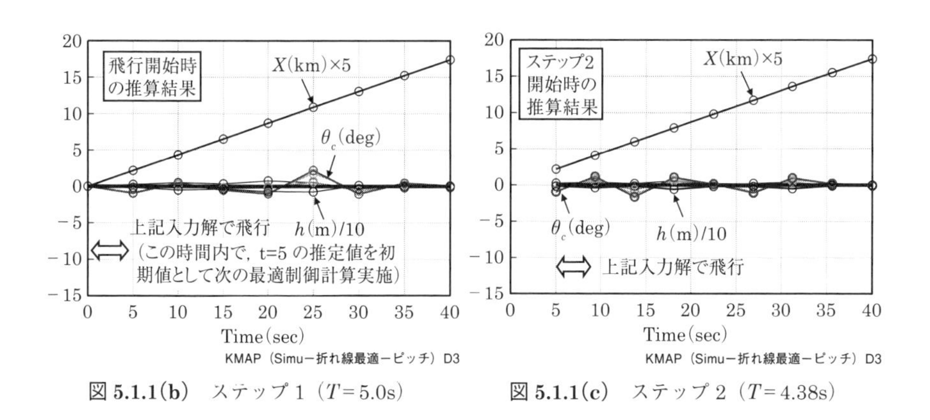

図 **5.1.1(b)**　ステップ 1（T= 5.0s）　　図 **5.1.1(c)**　ステップ 2（T= 4.38s）

図 5.1.1(d) のステップ 3 の結果も，ステップ 2 と同様に 1 ステップ進めた状態を初期条件として最適制御計算が実行される．このステップ 3 の結果（T= 3.83 秒）が出た時点で，終端位置から 1.7(km) の地点に障害物があることが確認される．そこで，ステップ 3 から次のステップまでの間に，障害物回避操舵

を含んだ形で最適制御計算が実施される．その結果が図5.1.1(e)のステップ4の結果（T=3.35秒）である．ステップ4において，終端位置から1.7(km)の地点（約20秒）の高度が30(m)になるようにステップ2開始時の推算結果操舵入力が決定されていることが確認できる．

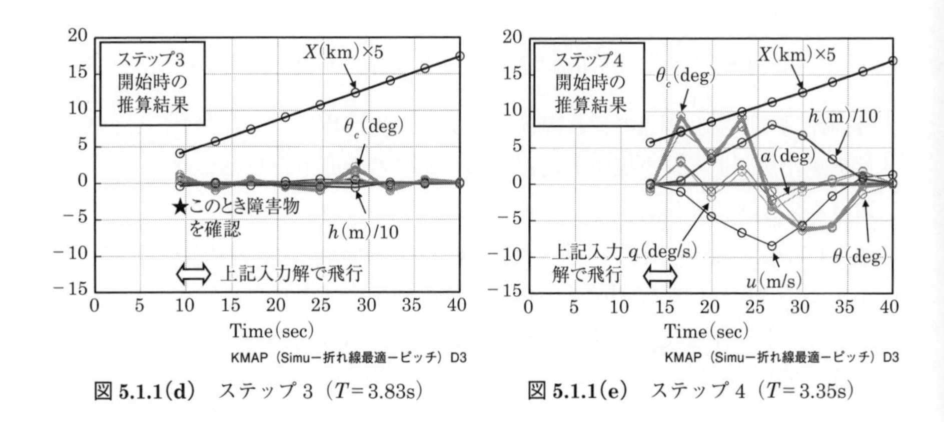

図 **5.1.1(d)**　ステップ3（T=3.83s）　　図 **5.1.1(e)**　ステップ4（T=3.35s）

この後のステップ5（T=2.93秒），ステップ6（T=2.56秒）も，1.7(km)の地点の障害物を回避する条件で1ステップ進めながら最適制御計算を更新していく．

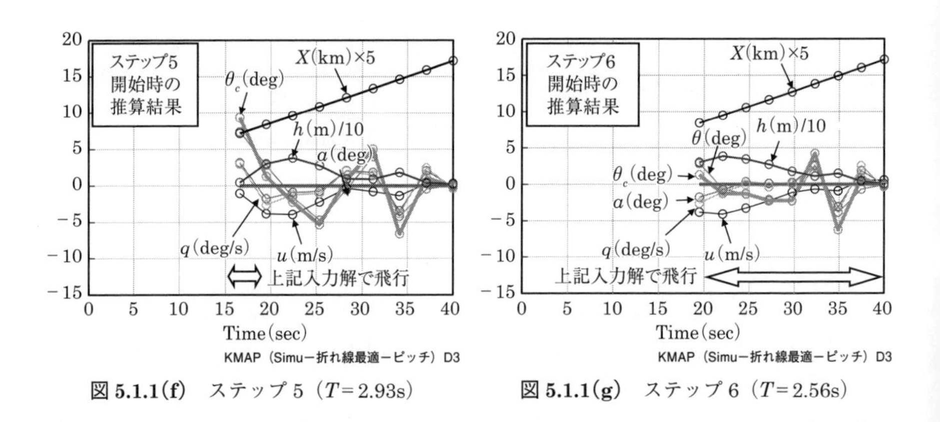

図 **5.1.1(f)**　ステップ5（T=2.93s）　　図 **5.1.1(g)**　ステップ6（T=2.56s）

以上のステップ1～6で得られた折れ線入力結果を用いて，あらためて連続系の運動方程式を細かく積分した結果と上記の離散値化モデルの結果を同時に示したものが図 **5.1.1(h)** である．最初から約20秒地点で高度30(m)の制限のある単独の最適制御の結果（図 4.2.1(g)）と比較すると，図 5.1.1(h) は約 5 秒前から急上昇しており，実時間最適制御の効果がでていることがわかる．

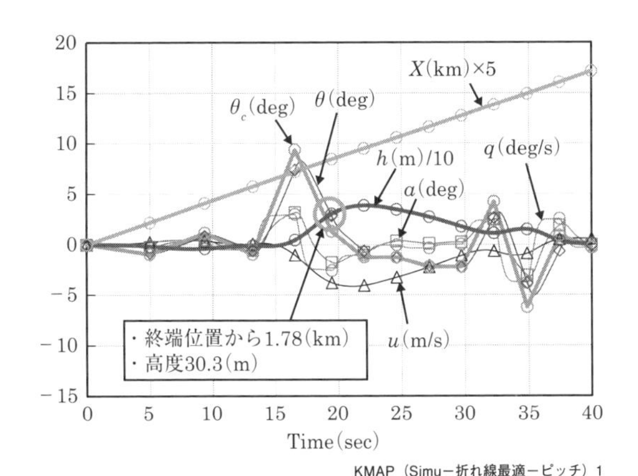

図 **5.1.1(h)**　最終的な飛行結果（○印等：離散値系，曲線：連続系）

なお，ここで述べた結果の 1 ステップの計算に必要な時間は，普通のパソコンで 1 秒程度であり，最終ステップ 6 以降のサンプル時間である 2.6 秒に十分余裕があることから，実時間最適制御が可能であることがわかる．図 **5.1.1(i)** は，実時間障害物回避の最適制御解をアニメーションで表したものである．

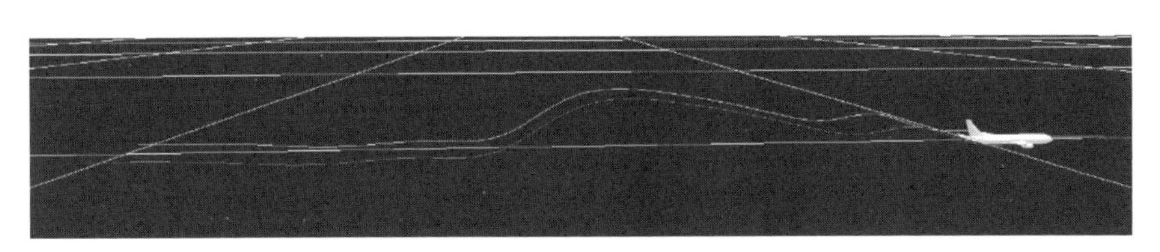

図 **5.1.1(i)**　実時間障害物回避のアニメーション

例題 5.1.2　ロール角制御系の実時間障害物回避

次に，飛行機のロール角制御系の実時間最適制御の例を検討しよう．飛行機のロール運動はやや複雑である．例題 4.2.2 で検討したロール角制御系を用いて考えよう．

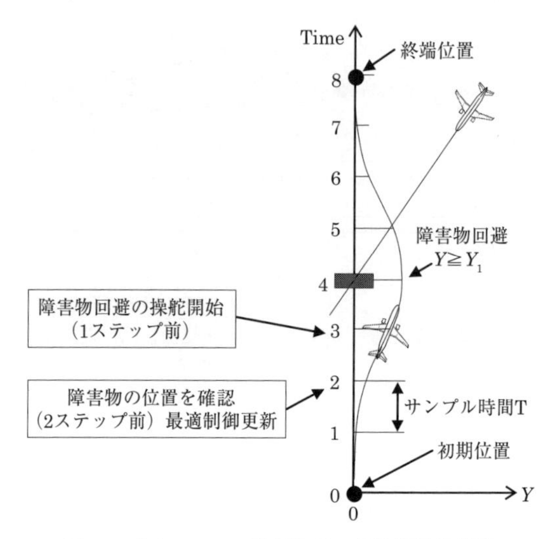

図 **5.1.2(a)**　ロール角制御系の実時間最適制御

図 5.1.2(a) に示すように，初期位置から終端位置までをサンプル時間 T の 8 ステップの折れ線入力の最適制御解に沿って飛行すると考える．単独の最適制御については例題 4.2.2 において既に検討した．ここでは，ピッチ角制御系の場合と同様に，Time 4 の位置に障害物（ほかの飛行機の進入など）があり，その 2 ステップ前に障害物を関知して最適制御計算を 1 ステップの間に完了して，障害物の 1 ステップ前から障害物回避操舵を開始する，というシナリオである．実時間最適制御を実現するには，1 ステップの間に最適制御の計算を終了する必要がある．図 5.1.2(a) において，具体的には飛行機の初期位置から終端位置まで約 3.5(km) のほぼ中央付近である終端位置から 1.7(km) の地点（ステップ 4，時刻 20 秒付近）において，横変位を $Y_1 = 10$(m) 以上にすることを考える．この状態が最初からわかっている場合は既に図 4.2.2(f) に示した．

ここでの実時間最適制御は，終端位置から 1.7(km) の地点（初期のステップ 4）

に達する2ステップ前に，横変位を10(m)以上にすることが要求される．最適制御計算における初期条件，終端条件および評価関数は次のように設定する．

【初期条件】

$$x_p = \begin{bmatrix} \beta \\ p \\ r \\ \phi \\ \psi \\ Y_1 \\ Y \end{bmatrix} = \begin{bmatrix} \beta_k \\ p_k \\ r_k \\ \phi_k \\ \psi_k \\ Y_{1k} \\ Y_k \end{bmatrix},$$

（1ステップ前の最適制御解のうちで，1サンプル時間後の値を初期条件として次のステップの最適制御計算を更新）

【終端条件】

$$x_p = \begin{bmatrix} \beta \\ p \\ r \\ \phi \\ \psi \\ Y_1 \\ Y \end{bmatrix} = \begin{bmatrix} - \\ 0 \\ - \\ 0 \\ - \\ - \\ 0 \end{bmatrix} \tag{1}$$

(DGT502.DAT)

【状態量拘束】

（終端位置から $L=1.7$(km) の距離にある地点で，横変位 $Y_1=10$(m) 以上で飛行）　(2)

【評価関数】

$$J = \left(p^2 + \phi^2 + 10Y^2\right)_{終端} + \sum_{k=1}^{N}\left[5Y^2 + \left\{\phi_c(k)/\phi_{cMAX}\right\}^2\right], \qquad (N=8) \tag{3}$$

時間間隔5.0秒の8個の折れ線入力により，終端時刻40秒としてKMAPゲイン最適化法により解を探索すると，55万回の繰り返し計算により各ステップにおける最適制御解が得られる．

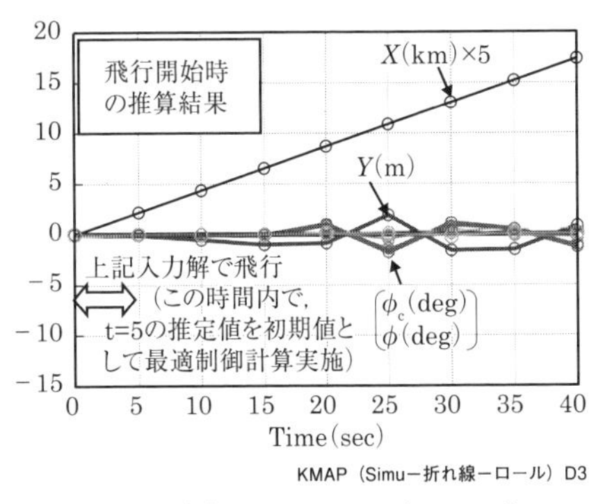

図 **5.1.2(b)**　ステップ1（T=5.0s）

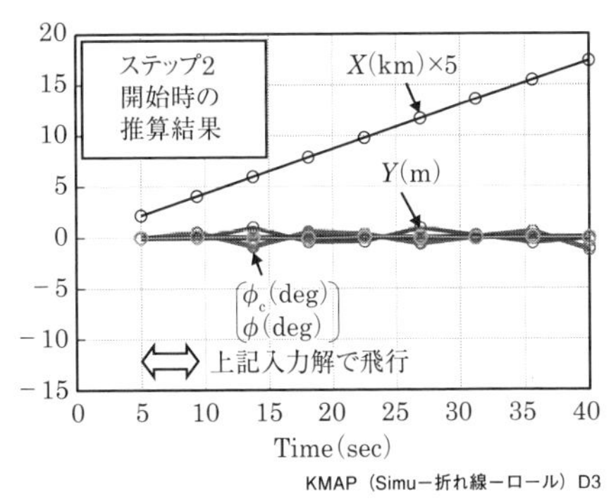

図 **5.1.2(c)**　ステップ2（T=4.38s）

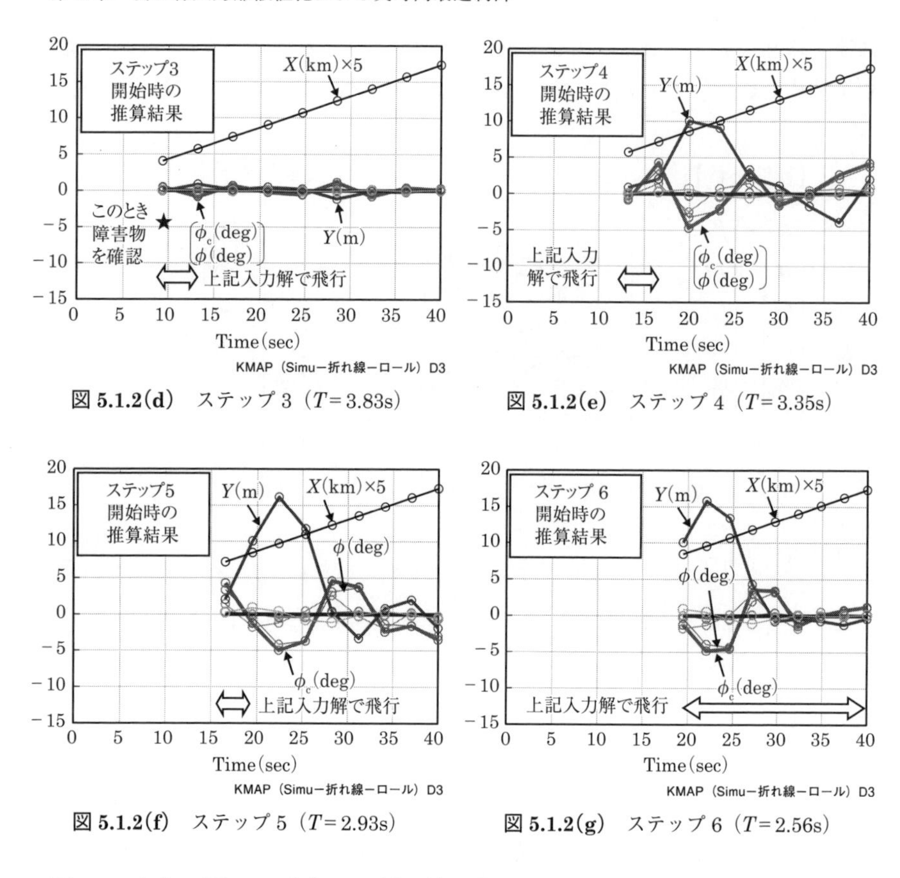

図 5.1.2(d)　ステップ 3（T= 3.83s）

図 5.1.2(e)　ステップ 4（T= 3.35s）

図 5.1.2(f)　ステップ 5（T= 2.93s）

図 5.1.2(g)　ステップ 6（T= 2.56s）

図 5.1.2(b) ～**図 5.1.2(g)** は，折れ線入力によるロール角制御系の 1 ステップごとの実時間最適制御の結果である．ステップ 4（図 5.1.2(e)）において，終端位置から 1.7(km) の地点（約 20 秒）の横変位が 10(m) になるように操舵入力が決定されていることが確認できる．

以上のステップ 1 ～ 6 で得られた折れ線入力結果を用いて，あらためて連続系の運動方程式を細かく積分した結果と上記の離散値化モデルの結果を同時に示したものが**図 5.1.2(h)** である．最初から約 20 秒地点で横変位 10(m) の制限のある単独の最適制御の結果（図 4.2.2(f)）と比較すると，図 5.1.2(h) は約 5 秒前から急変位しており，実時間最適制御の効果がでていることが確認できる．なお，1 ステップの計算に必要な時間は普通のパソコンで 1 秒程度であり，最終ステップ 5 以降のサンプル時間である 2.6 秒に十分余裕があることから，実時間最適制御が可能であることがわかる．

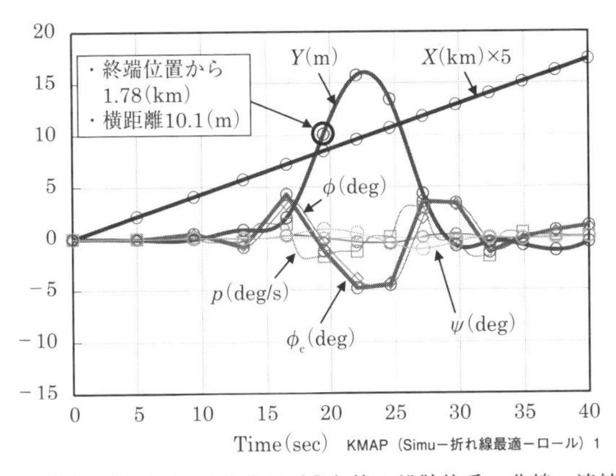

図 **5.1.2(h)** 最終的な運動結果（○印等：離散値系，曲線：連続系）

図 **5.1.2(i)** は，実時間障害物回避の最適制御解をアニメーションで表したものである．

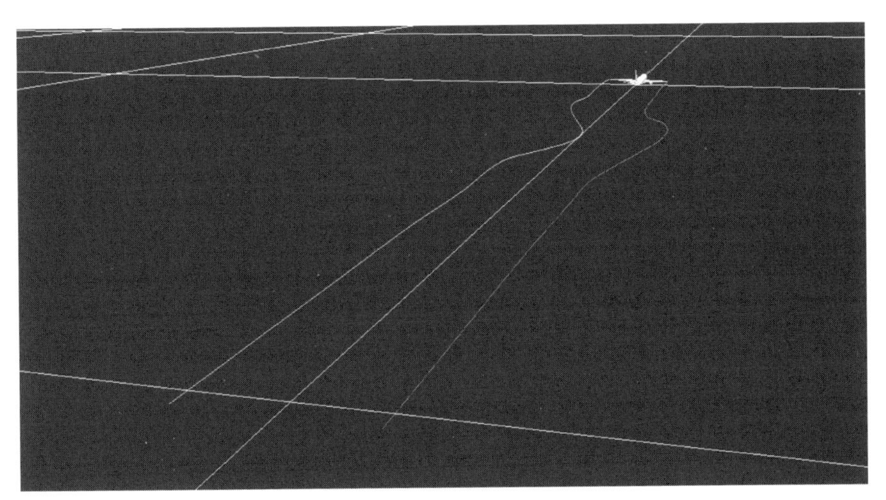

図 **5.1.2(i)** 実時間障害物回避のアニメーション

5.2　実時間最適航法－目標機の軌道変化に対応した飛翔体

例題 4.2.3 では，3000m/s で飛行する飛翔体の横加速度を制御することにより，同じく 3000m/s で飛行する目標機と会合する最適制御問題を検討した．ここでは，この問題を実時間で解くことを考える．まずは，目標機の軌道が一定の場合の実時間最適航法を考えた後，次に目標機の軌道が途中で変化した場合に対応する実時間最適航法について考える．

例題 5.2.1　飛翔体の実時間最適航法

図 **5.2.1(a)** は，例題 4.2.3 で検討した飛翔体の平面運動の図である．関連する運動方程式を (1) 式に示す．ここでは，例題 4.2.3 で検討した最適航法問題を実時間で解くことを考える．

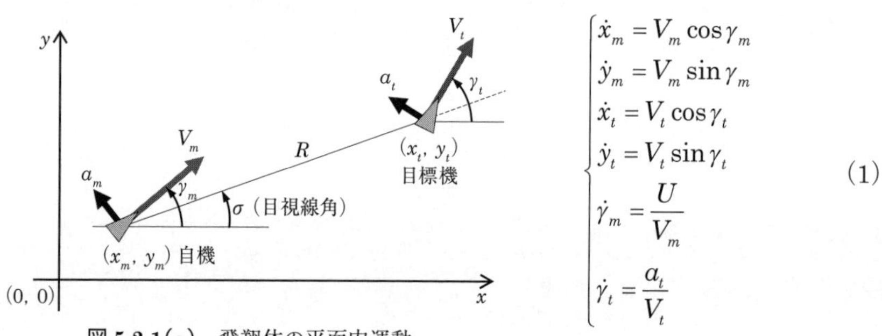

図 **5.2.1(a)**　飛翔体の平面内運動

$$
\begin{cases}
\dot{x}_m = V_m \cos\gamma_m \\
\dot{y}_m = V_m \sin\gamma_m \\
\dot{x}_t = V_t \cos\gamma_t \\
\dot{y}_t = V_t \sin\gamma_t \\
\dot{\gamma}_m = \dfrac{U}{V_m} \\
\dot{\gamma}_t = \dfrac{a_t}{V_t}
\end{cases}
\tag{1}
$$

最適航法計算時の初期条件，終端条件および評価関数は例題 4.2.3 と同様に下記である．

【初期条件】
$$
\begin{cases}
(x_m, y_m, \gamma_m) = (50\mathrm{km}, 0\mathrm{km}, 160\,\mathrm{deg}) \\
(x_t, y_t, \gamma_t) = (50\mathrm{km}, 20\mathrm{km}, -170\,\mathrm{deg})
\end{cases}
\tag{2}
$$

【終端条件】
$$
(x_d, y_d) = (x_t - x_m, y_t - y_m) = (0\mathrm{km}, 0\mathrm{km}) \tag{3}
$$

【評価関数】
$$
J = (x_t - x_m)^2 + (y_t - y_m)^2 \qquad \text{(DGT503. DAT)} \tag{4}
$$

なお，両機の特性値も例題 4.2.3 と同様とする．

図 5.2.1(b) は，最初（ステップ 1）のシミュレーション結果による飛行軌跡，**図 5.2.1(c)** はそのタイムヒストリーである．小さな●印または○印の点がサンプル時間間隔における点である．サンプル時間は 14 秒を 8 分割しているので 1.75 秒である．目標機の飛行情報を基に，自機の制御のステップ 1 の計算が完了した時点をステップ 1 のスタート時点とする．ステップ 1 の飛行中，サンプル点 2 つ目の 3.5 秒に達する前までに，3.5 秒の状態量推定値を初期値として次のステップ 2 の最適航法計算を行う．1 ステップの最適航法計算は 2 秒弱で完了するので，3.5 秒に達する前までに最適航法計算を完了することは可能である．すなわち，サンプル点 2 つ目ごとに最適航法計算を更新していく．

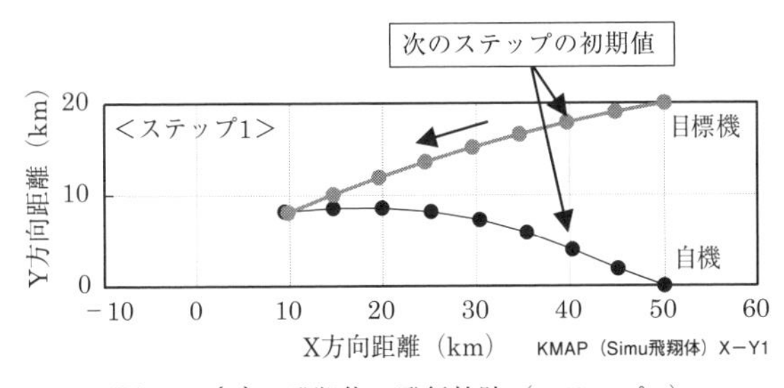

図 **5.2.1(b)**　飛翔体の飛行軌跡（ステップ 1）

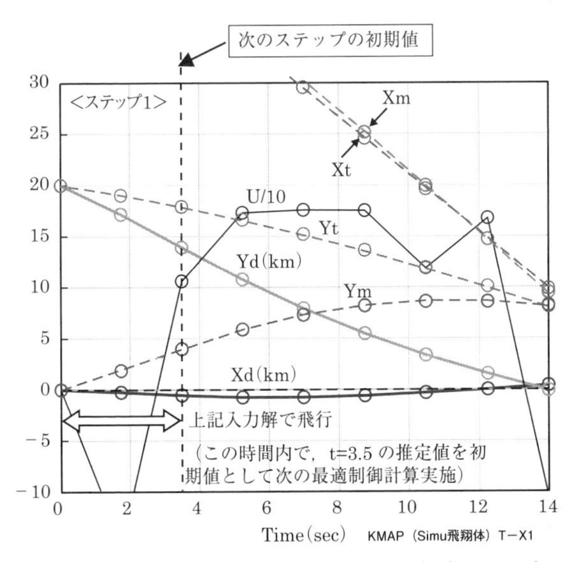

図 **5.2.1(c)**　タイムヒストリー（ステップ 1）（T=1.75s）

図 **5.2.1(d)** および図 **5.2.1(e)** は，3.5 秒から始まるステップ 2 の飛行軌跡とタイムヒストリーである．サンプル時間は，14 秒まで 3.5 秒少ない時間を 8 等分するので（14－3.5)/8＝1.31 秒と小さくなっている．次のステップ 3 は，サンプル点2つ目の6.1秒後の状態量を初期値として最適航法計算を行う．1ステップの最適航法計算は 2 秒弱で完了するので，実際に t＝6.1 秒に達する前までに t＝6.1 秒の状態量を初期値とする次のステップ 3 の最適航法計算を完了することが可能である．

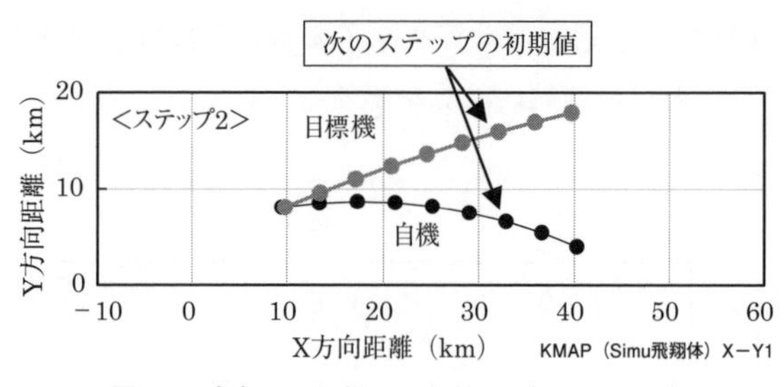

図 **5.2.1(d)**　飛翔体の飛行軌跡（ステップ 2）

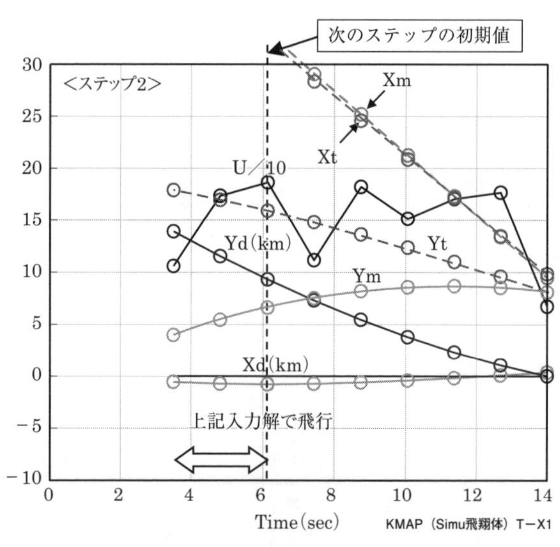

図 **5.2.1(e)**　タイムヒストリー（ステップ 2）（T＝1.31s）

図 **5.2.1(f)** および図 **5.2.1(g)** は，6.1 秒から始まるステップ 3 の飛行軌跡と

タイムヒストリーである．サンプル時間は，14 秒まで（3.5＋2.6）秒少ない時間を 8 等分するので（14－3.5－2.6)/8＝0.98 秒とさらに小さくなっている．次のステップ 4 は，サンプル点 2 つ目の 8.1 秒後の状態量を初期値として最適航法計算を行う．1 ステップの最適航法計算は 2 秒弱で完了するので，実際に t＝8.1 秒に達する前までに t＝8.1 秒の状態量を初期値とする次のステップ 4 の最適航法計算を完了することが可能である．

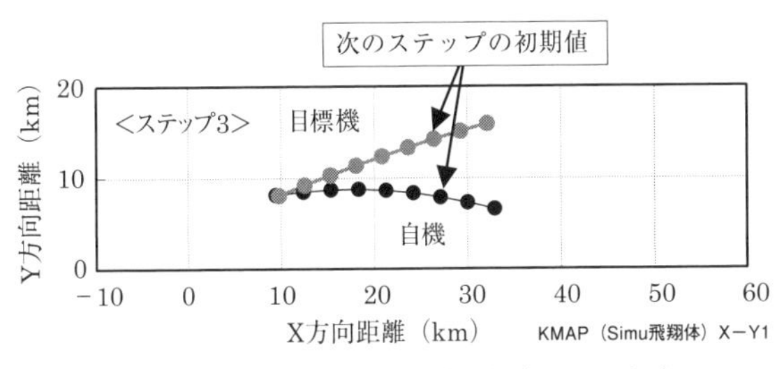

図 **5.2.1(f)**　飛翔体の飛行軌跡（ステップ 3）

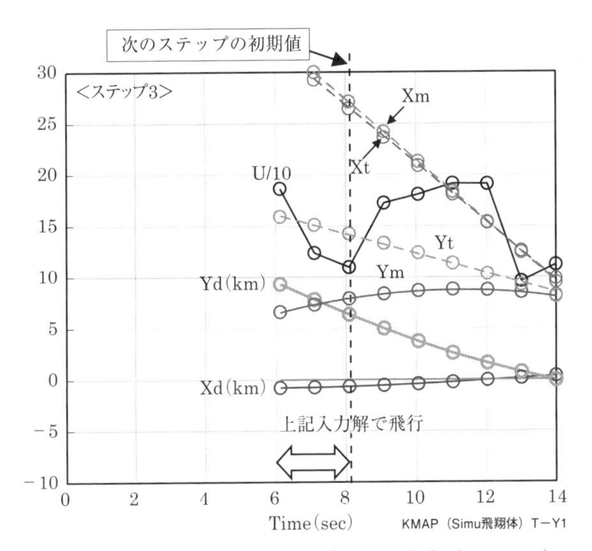

図 **5.2.1(g)**　タイムヒストリー（ステップ 3）（T＝0.98s）

図 **5.2.1(h)** および図 **5.2.1(i)** は，8.1 秒から始まるステップ 4 の飛行軌跡とタイムヒストリーである．サンプル時間は，14 秒まで（3.5＋2.6＋2.0）秒少ない時間を 8 等分するので（14－3.5－2.6－2.0)/8＝0.74 秒とさらに小さくなって

いる．このステップ４が最終の最適航法解である．

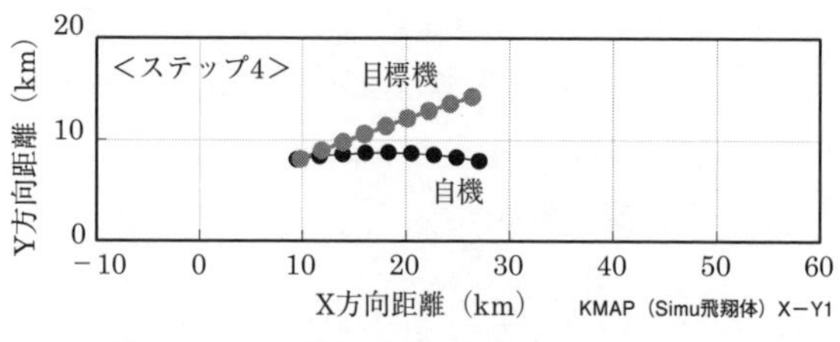

図 5.2.1(h)　飛翔体の飛行軌跡（ステップ４）

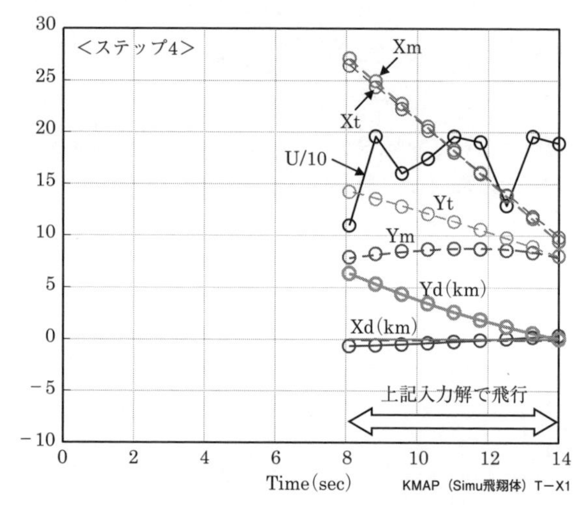

図 5.2.1(i)　タイムヒストリー（ステップ４）（T=0.74s）

これらのステップ１～４の最適航法計算は，それぞれシミュレーション計算時間内を８分割した離散値系として計算を行っている．各ステップでは，最初のサンプル時間２つ分の自機横加速度入力 U を用いて後，次のステップの最適航法計算を行っている．すなわち，各サンプル時間２つ分の時間ごとに新しい最適航法計算を繰り返して，状況の変化に対応した“実時間最適航法”を行っている．

上記ステップ１～４の各サンプル時間２つ分ごとの最適航法の結果である横加速度入力 U を用いて，あらためて (1) 式の連続系の運動方程式を細かく積分した結果と上記の離散値化モデルの結果を同時に示した最終解を**図 5.2.1(j)** お

よび図 **5.2.1(k)** に示す．図中の○，□印等は，折れ線入力離散値化による計算結果であり，曲線は連続系を直接積分した結果である．両者の値は一致していることが確認できる．なお，1 ステップの計算に必要な時間は普通のパソコンで 2 秒弱であり，最終計算のステップ 3 のサンプル時間の 2 倍が 2.0 秒であることから，実時間最適航法が可能であることがわかる．

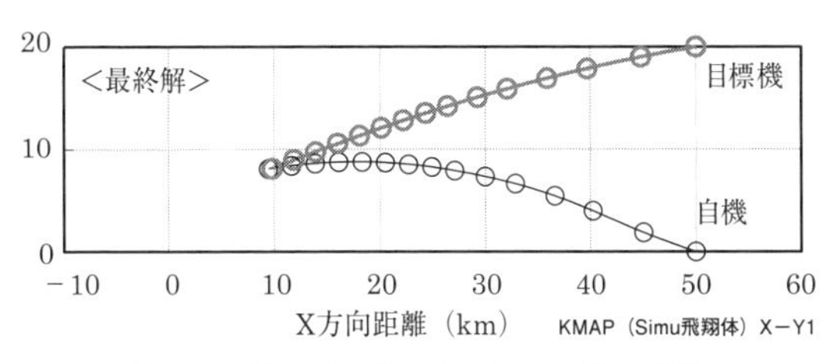

図 **5.2.1(j)**　飛翔体の飛行軌跡（最終解）

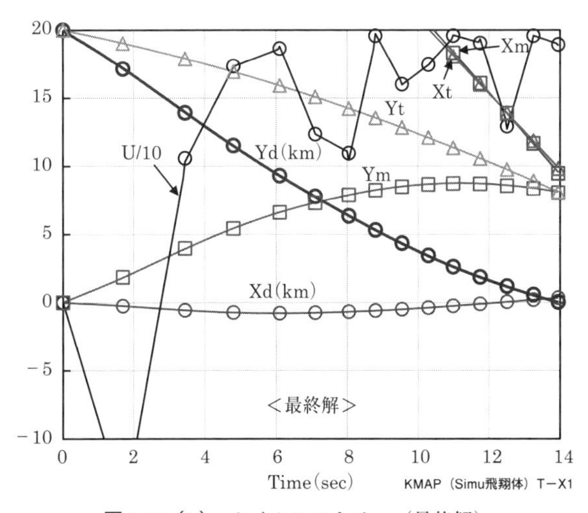

図 **5.2.1(k)**　タイムヒストリー（最終解）

例題 5.2.2　目標機の軌道変化に対応した飛翔体実時間最適航法

図 5.2.2(a) に示すように，軌道している目標機に飛翔体が会合する制御を行っているとき，急に目標機が逆の旋回軌道を行った場合に，新しい会合点に誘導する実時間最適航法について考える．

例題5.2.1では目標機の逆の旋回軌道がない場合について，ステップ1～ステップ4における実時間最適航法を検討した. 本例題では, ステップ2までは例題5.2.1と同じとする．ステップ3開始時点（6.1秒）から目標機は逆軌道を始めたとする．

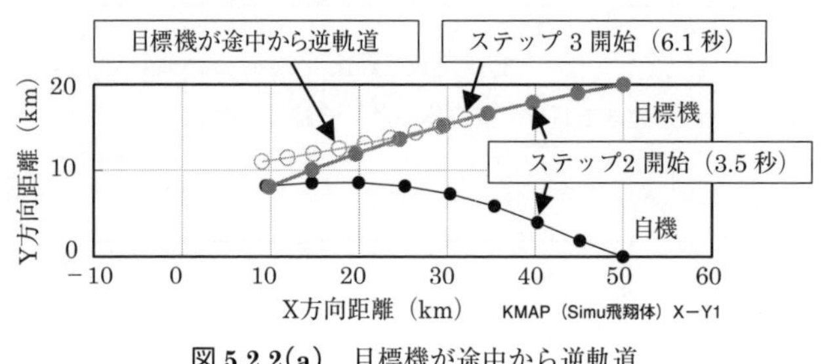

図 **5.2.2(a)**　目標機が途中から逆軌道
（DGT504. DAT）

ステップ1およびステップ2における両機の飛行軌跡およびタイムヒストリーは，目標機の逆軌道を考慮しない例題5.3.1の結果と同じであるので，ここでは省略する．

図 5.2.2(b) および**図 5.2.2(c)** は，6.1秒から始まるステップ3の飛行軌跡とタイムヒストリーである．サンプル時間は，例題5.2.1と同じく8等分で（14－3.5－2.6)/8＝0.98秒である．目標機は逆の旋回軌道を開始しているが，自機は目標機と会合するように制御されていることがわかる．

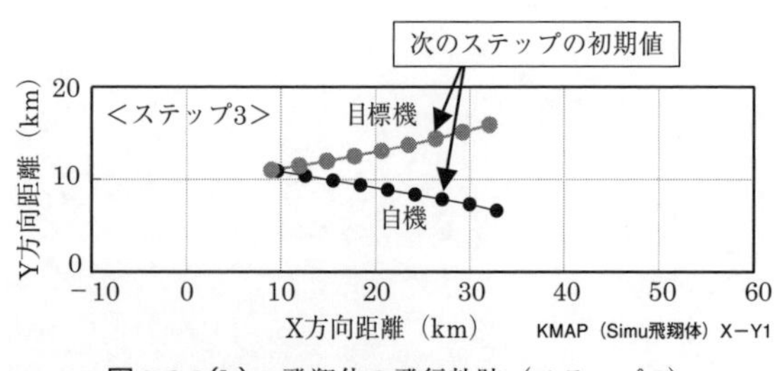

図 **5.2.2(b)**　飛翔体の飛行軌跡（ステップ3）

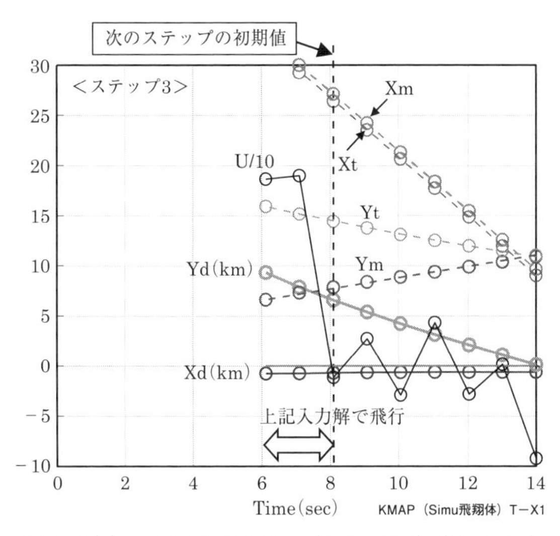

図 **5.2.2(c)**　タイムヒストリー（ステップ 3）（T=0.98s）

図 5.2.2(d) および**図 5.2.2(e)** は，ステップ 3 のサンプル点 2 つ目の 8.1 秒の状態量を初期値として最適航法計算を行ったステップ 4 の飛行軌跡とタイムヒストリーである．サンプル時間は，14 秒までの時間を 8 等分するので（14－3.5－2.6－2.0)/8＝0.74 秒である．このステップ 4 が最終の最適航法解である．1 ステップの最適航法計算は 2 秒弱で完了するので，実際に t=8.1 秒に達する前までに t=8.1 秒の状態量を初期値とすステップ 4 の最適航法計算を完了することが可能である．

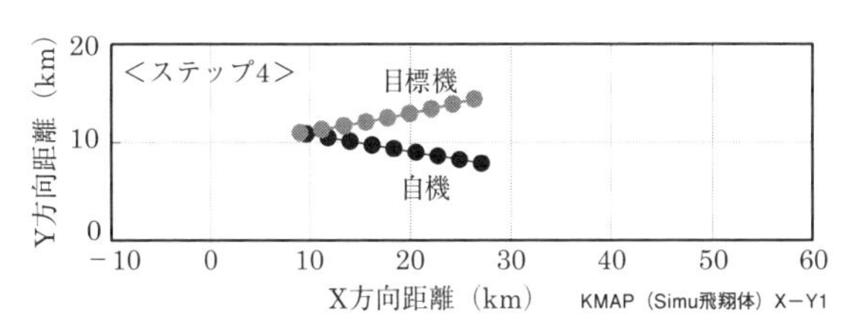

図 **5.2.2(d)**　飛翔体の飛行軌跡（ステップ 4）

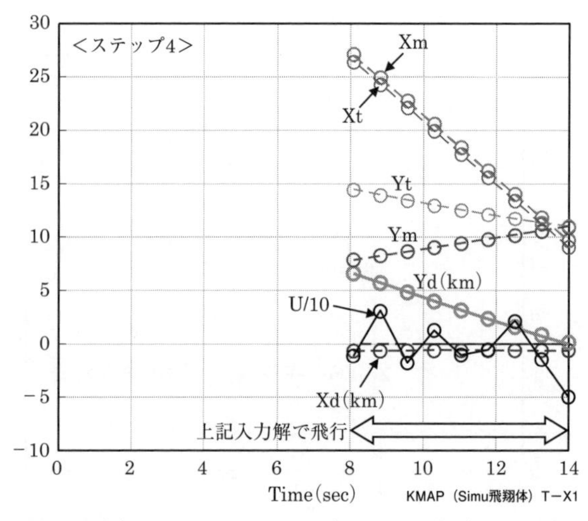

図 5.2.2(e)　タイムヒストリー（ステップ 4）（T=0.74s）

これらのステップ1～4の最適航法計算は，それぞれシミュレーション計算時間内を8分割した離散値系として計算を行っている．各ステップでは，最初のサンプル時間2つ分の自機横加速度入力 U を用いた後，次のステップの最適航法計算を行っている．すなわち，各サンプル時間2つ分の時間ごとに新しい最適航法計算を繰り返して，状況の変化に対応した“実時間最適航法”を行っている．

上記ステップ1～4の各サンプル時間2つ分ごとの横加速度入力 U を用いて，あらためて (1) 式の連続系の運動方程式を細かく積分した結果と上記の離散値化モデルの結果を同時に示した最終解を図 **5.2.2(f)** および図 **5.2.2(g)** に示す．図中の○，□印等は，折れ線入力離散値化による計算結果であり，曲線は連続系を直接積分した結果である．両者の値は一致していることが確認できる．なお，1ステップの計算に必要な時間は普通のパソコンで2秒弱であり，最終計算のステップ3のサンプル時間の2倍が2.0秒であることから，実時間最適航法が可能であり，途中から目標機が逆の旋回軌道を実施しても自機はうまく対応できていることがわかる．

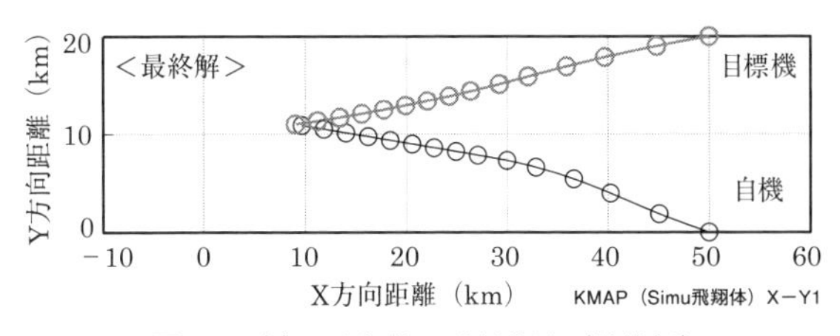

図 **5.2.2(f)**　飛翔体の飛行軌跡（最終解）

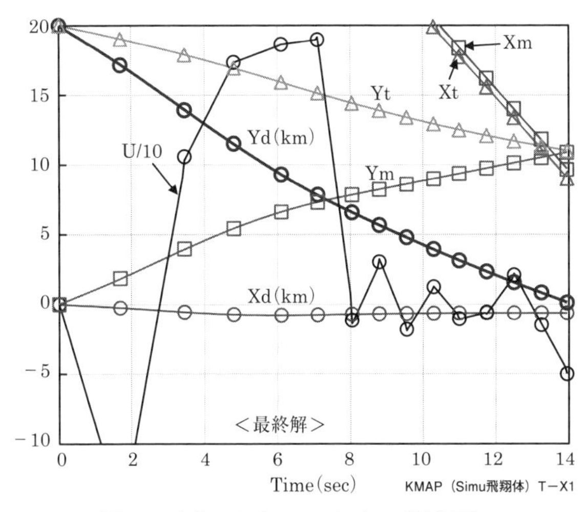

図 **5.2.2(g)**　タイムヒストリー（最終解）

5.3　実時間最適制御－２輪車両の障害物回避

例題 4.2.4 では 2 輪車両の最適制御問題について検討した．ここでは 2 輪車両の車庫入れ時および走行時の問題を実時間で解くことを考える．

例題 5.3.1　2 輪車両の車庫入れ時の実時間最適制御

まず最初に，障害物がない場合の 2 輪車両の車庫入れ実時間最適制御について考える．2 輪車両の車庫入れ問題については，例題 3.1 にて，運動方程式を連続系のまま積分して最適制御問題の解を求めた．また，例題 4.2.4 にて，折れ線入力離散値化により最適制御の解を求め，計算時間が大幅に短縮されることを確認した．ここでは，これらの結果を踏まえて，折れ線入力離散値化の方法を実時間最適制御に応用することを考える．運動モデルは図 **5.3.1(a)**，運動方程式は (1) 式である．

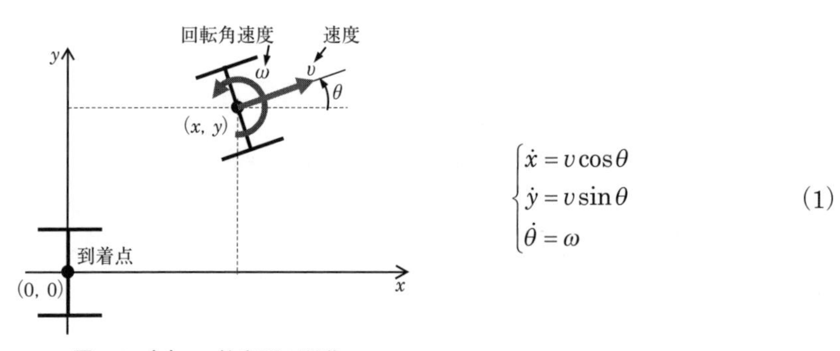

$$\begin{cases} \dot{x} = v\cos\theta \\ \dot{y} = v\sin\theta \\ \dot{\theta} = \omega \end{cases} \tag{1}$$

図 **5.3.1(a)**　2 輪車両の運動

また，最適制御計算時の初期条件と終端条件は次のようである．

【初期条件】
$$\begin{cases} (x, y, \theta) = (10\mathrm{m}, 20\mathrm{m}, 0\,\mathrm{deg}) \\ (v, \omega) = (0\,\mathrm{m/s}, 0\,\mathrm{deg/s}) \end{cases} \tag{2}$$

【終端条件】
$$\begin{cases} (x, y, \theta) = (0\mathrm{m}, 0\mathrm{m}, 0\,\mathrm{deg}) \\ (v, \omega) = (0\,\mathrm{m/s}, 0\,\mathrm{deg/s}) \end{cases} \quad \text{(DGT505. DAT)} \tag{3}$$

【評価関数】
$$J = y^2 + 0.01\theta^2 + v^2 + \omega^2 \tag{4}$$

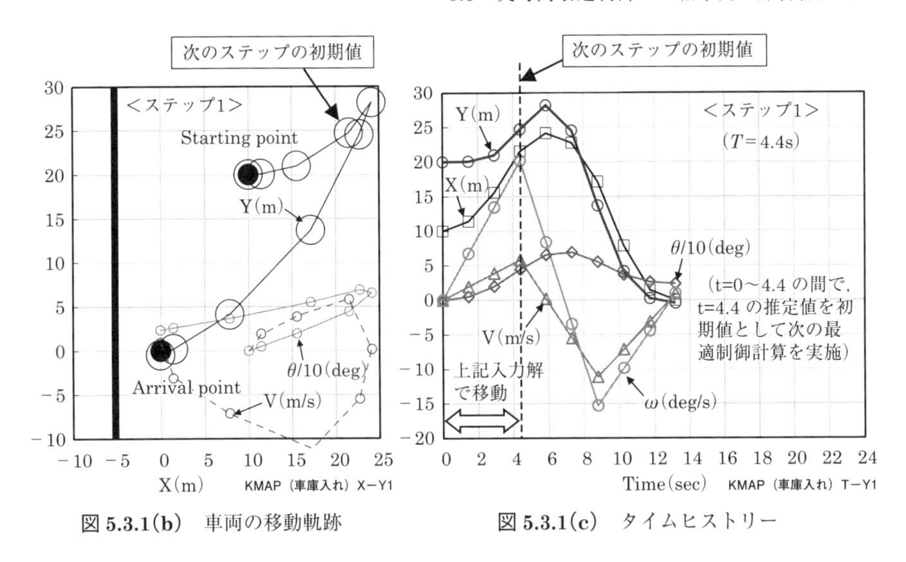

図 5.3.1(b)　車両の移動軌跡　　　**図 5.3.1(c)**　タイムヒストリー

図 5.3.1(b) および**図 5.3.1(c)** は，実時間最適制御の最初の計算結果であるが，これは例題 4.2.4 で求めた２輪車両の車庫入れの最適制御の結果（図 4.2.4(d) および図 4.2.4(e)）と同じ図である．最初，速度の増加とともに，機首を左に振りながら約 15m 進んだ後，切り返して姿勢を戻しながらバックしている様子がわかる．Arrival point における２輪車両の位置 x および y はほぼ０になっているが，速度の方向 θ は 25° 程度となっている．後のステップにおける実時間最適制御の結果では，θ もほぼ０になることが示される．

図 5.3.1(b) では，Starting point（初期位置●印）から出発した２輪車両の移動軌跡が大きな○印で示されている．この図で，初期位置の○印から１～４個の○印が，例題 4.2.4 の (13) 式および (15) 式で示した $x(k)$, $x(k+1/3)$, $x(k+2/3)$, $x(k+1)$ に対応する点である．ここで，$x(k+1)$ に相当する点が次のステップの初期値となる．図 5.3.1(c) のタイムヒストリーでは，この点は $t=4.4$ 秒に対応する点である．4.4 秒は実時間最適制御の最初のステップのサンプル時間である．サンプル時間は，後の計算で 22 秒かかることから，折れ線入力の５点として 4.4 秒としている．またこのサンプル時間を３分割して 1.47 秒ごとに領域を評価する．図 5.3.1(c) に示した最適制御の最初のステップは約 1.5 秒で計算が終了するので，実際に $t=4.4$ 秒に達する前までに $t=4.4$ 秒の状態量を初期値とする次のステップの最適制御計算を完了することが可能である．

図 5.3.1(d) および**図 5.3.1(e)** は，２ステップ目の実時間最適制御の結果である．

ステップ2の初期置から出発した2輪車両は，4m程前方に進んだ後，切り返して Arrival point までバックしている様子がわかる．Arrival point における2輪車両の位置 x, y および速度の方向 θ はほぼ0となっている．しかし，θ は速度がほとんど0に近い状態で回転しているのは少し問題がある．なお，サンプル時間は（22－4.4)/5＝3.52秒で，ステップ1よりも短くなっている．

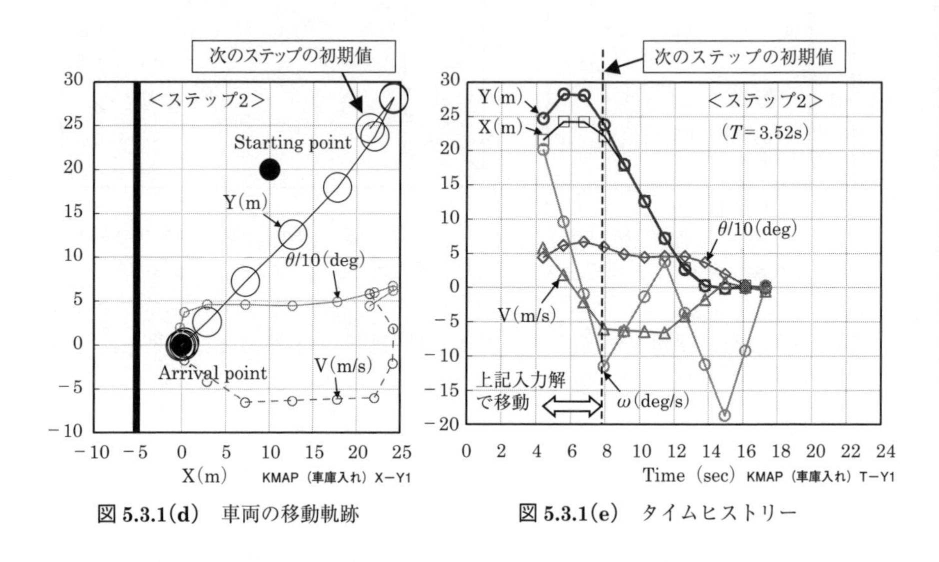

図 **5.3.1(d)**　車両の移動軌跡　　図 **5.3.1(e)**　タイムヒストリー

図 **5.3.1(f)** および図 **5.3.1(g)** は，ステップ3の実時間最適制御の結果である．ステップ3の初期置から出発した2輪車両は，そのまま Arrival point までバックしている様子がわかる．Arrival point における2輪車両の位置 x, y および速度の方向 θ はほぼ0となっている．なお, ステップ3のサンプル時間は（22－4.4－3.52)/5＝2.82秒で，ステップ2よりもさらに短くなっている．

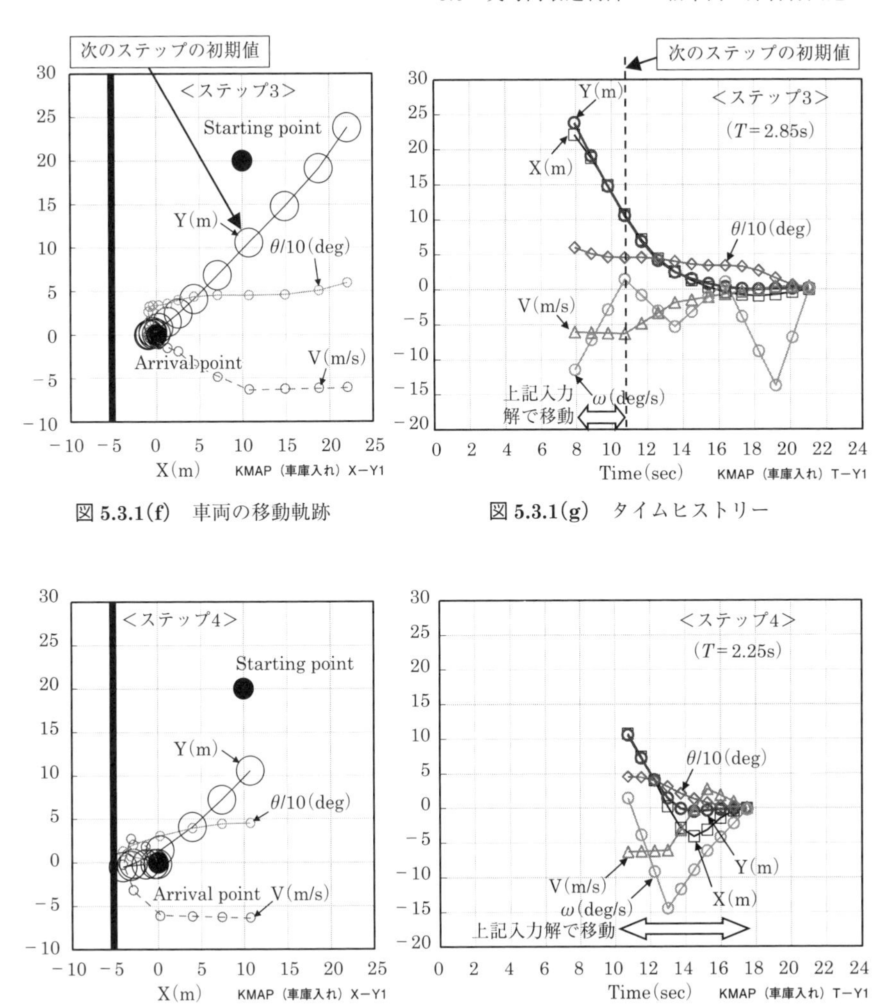

図 **5.3.1(f)**　車両の移動軌跡

図 **5.3.1(g)**　タイムヒストリー

図 **5.3.1(h)**　車両の移動軌跡

図 **5.3.1(i)**　タイムヒストリー

図 **5.3.1(h)** および図 **5.3.1(i)** は，最終ステップのとしてステップ４の実時間最適制御の結果である．ステップ４の初期置から出発した２輪車両は，バックして Arrival point の少し奥まで言った後，切り返して前方に移動しながら速度の方向 θ を０にしている．なお，ステップ４のサンプル時間は（22－4.4－3.52－2.82)/5＝2.25 秒で，ステップ３よりもさらに短くなっている．

以上のステップ１～４で得られた２輪車両の車庫入れ最適制御の操舵入力を用いて，あらためて (1) 式の連続系の運動方程式を細かく積分した結果と上記の離散値化モデルの結果を同時に示した最終解が図 **5.3.1(j)** および図 **5.3.1(k)** である．図中の大きな○印および小さな○印等は，折れ線入力離散値化による計算結果であり，曲線は連続系を直接積分した結果である．両者の値は一致していることが確認できる．これは例題 3.3.2 および例題 4.2.4 にて述べた折れ線入力離散値化による最適制御の方法が問題ないことを示している．

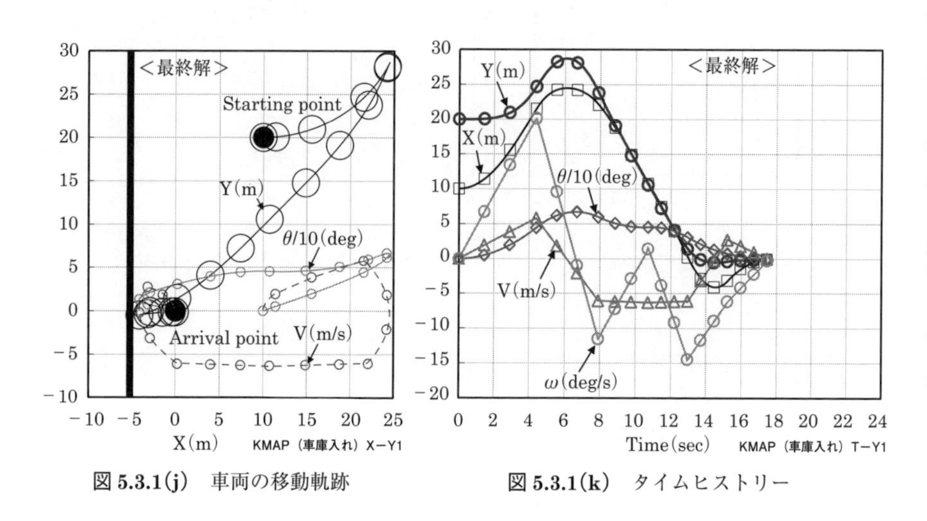

図 **5.3.1(j)**　車両の移動軌跡　　図 **5.3.1(k)**　タイムヒストリー

以上の解析における 1 ステップの計算に必要な時間は普通のパソコンで約 1.5 秒であり，サンプル時間が最も短い最終ステップ 4 以降のサンプル時間 2.3 秒に対しても十分余裕があることから，実時間最適制御が可能であることがわかる．

例題 5.3.2　2 輪車両の車庫入れ時の実時間障害物回避

図 **5.3.2(a)** に示すように，2 輪車両の車庫入れ操作途中に障害物があることが判明した場合に，それを回避する実時間最適制御について考える．実際の実時間最適制御の結果を図 5.3.2(b) 以降に示す．

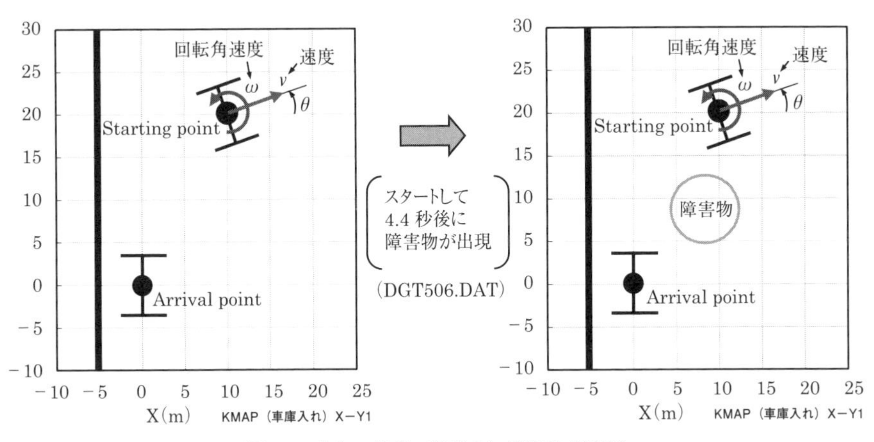

図 **5.3.2(a)** 車両の移動中に障害物が出現

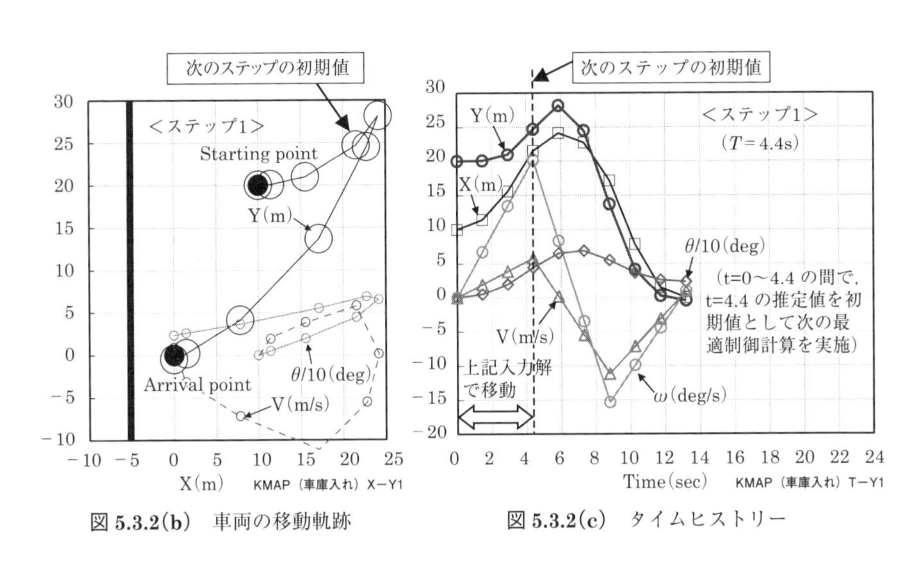

図 **5.3.2(b)** 車両の移動軌跡　　図 **5.3.2(c)** タイムヒストリー

図 **5.3.2(b)** および図 **5.3.2(c)** は，実時間最適制御の最初の計算結果ステップ1であるが, これは例題 5.3.1 で求めた２輪車両の車庫入れの最適制御の結果（図 5.3.1(b) および図 5.3.1(c)）と同じ図である．最初，速度の増加とともに，機首を左に振りながら約 15m 進んだ後, 切り返して姿勢を戻しながらバックしている. サンプル時間は 4.4 秒であるが，このサンプル時間を３分割して 1.47 秒ごとに領域を評価する．次のステップの初期値は図に示すように大きな○印の４つ目の点で，時間は 4.4 秒である.

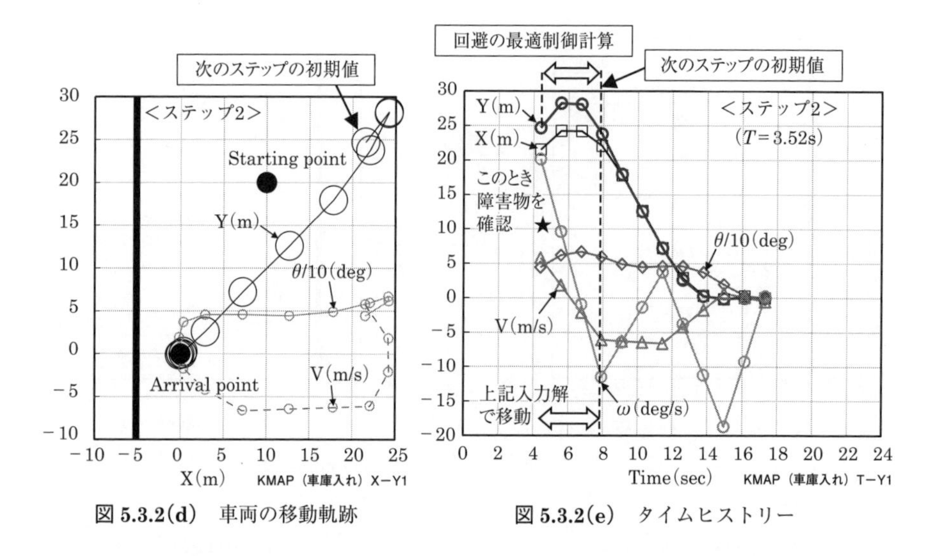

図 **5.3.2(d)**　車両の移動軌跡　　　図 **5.3.2(e)**　タイムヒストリー

図 5.3.2(d) および**図 5.3.2(e)** は，4.4 秒の状態変数を初期値としたステップ 2 の最適制御の結果である．これも例題 5.3.1 の結果（図 5.3.1(d) および図 5.3.1 (e)）と同じである．ステップ 2 の初期値から出発した 2 輪車両は，4m 程前方に進んだ後，切り返して Arrival point までバックしている様子がわかる．サンプル時間は（22 − 4.4)/5 = 3.52 秒である．

このステップ 2 の初期値（t = 4.4 秒）の時点において，(X = 10m，Y = 10m）を中心に半径 5.5m の障害物があることが明らかになったとする．そこで，次のステップ 3 の開始点 (4.4 + 3.52) = 7.92 秒までに，障害物を考慮したステップ 3 の最適制御解を計算する．その結果が**図 5.3.2(f)** および**図 5.3.2(g)** である．図 5.3.2(f) は移動軌跡であるが，ステップ 3 の初期値から出発してバックし始めるが，そのまま行くと障害物があるため，X = 27m 近くまで戻ってから切り返して，障害物を迂回して Arriving point まで移動している．ステップ 3 のサンプル時間は (22 − 4.4 − 3.52)/5 = 2.82 秒で，ステップ 2 よりもさらに短くなっている．

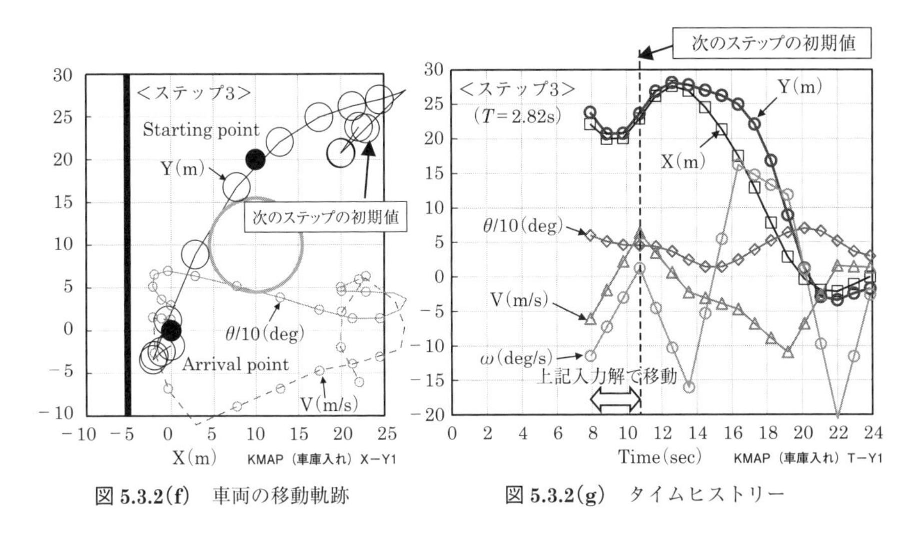

図 5.3.2(f)　車両の移動軌跡

図 5.3.2(g)　タイムヒストリー

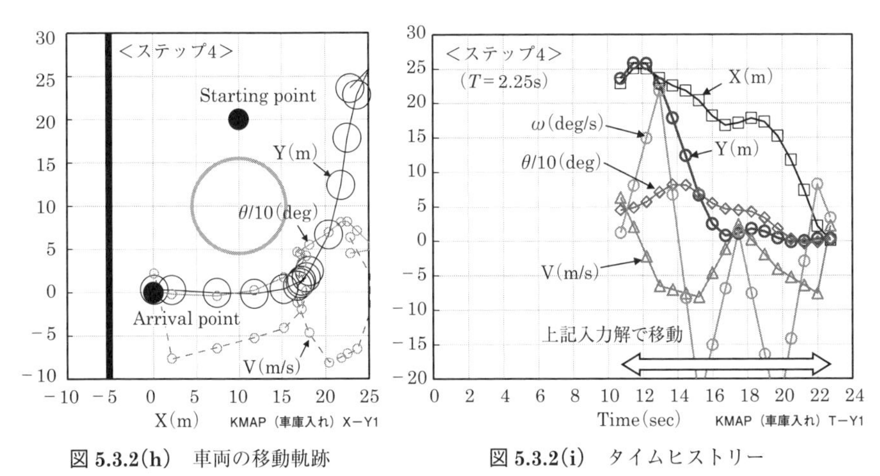

図 5.3.2(h)　車両の移動軌跡

図 5.3.2(i)　タイムヒストリー

図 5.3.2(h) および図 **5.3.2(i)** は，最終ステップのとしてステップ4の実時間最適制御の結果である．ステップ4の初期置から出発した2輪車両は，若干バックして後，ステップ3の解とは異なり，機首を左に大きく振ってYを小さくするように障害物を迂回するルートを選択している．なお，ステップ4のサンプル時間は(22－4.4－3.52－2.82)/5＝2.25秒で，ステップ3よりもさらに短くなっている．

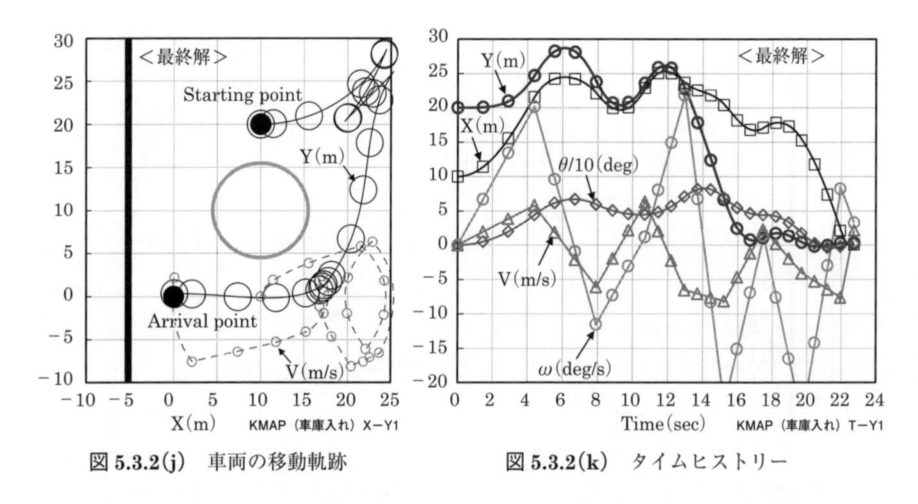

図 5.3.2(j)　車両の移動軌跡　　**図 5.3.2(k)**　タイムヒストリー

ステップ1～4で得られた2輪車両の車庫入れ最適制御の操舵入力を用いて，あらためて(1)式の連続系の運動方程式を細かく積分した結果と上記の離散値化モデルの結果を同時に示した最終解を図 **5.3.2(j)** および図 **5.3.2(k)** に示す．図中の大きな○印および小さな○印等は，折れ線入力離散値化による計算結果であり，曲線は連続系を直接積分した結果である．両者の値は一致していることが確認できる．なお，1ステップの計算に必要な時間は普通のパソコンで約1.5秒であり，最終ステップ4以降のサンプル時間である2.3秒に十分余裕があることから，実時間最適制御が可能であることがわかる．

例題 5.3.3　２輪車両の走行時の実時間障害物回避

例題 5.3.1 では２輪車両の車庫入れ時の実時間最適制御の問題，例題 5.3.2 では車庫入れ時の実時間障害物回避について検討した．本例題では，図 **5.3.3(a)** に示すように，２輪車両が走行している時に突然障害物が現れた場合に回避運動する実時間最適制御について考える．

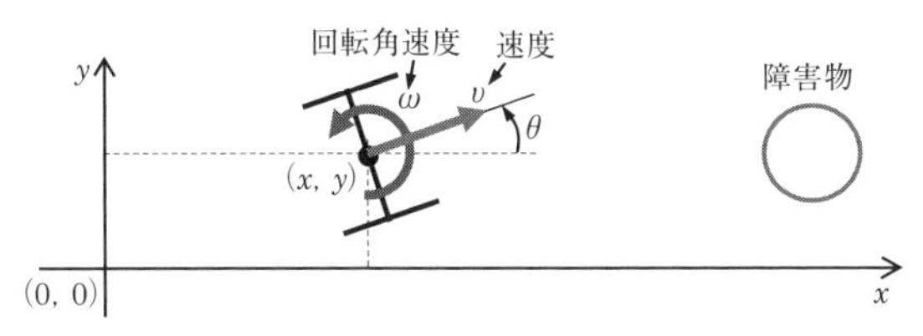

図 **5.3.3(a)**　２輪車両の走行時に障害物回避

運動方程式は車庫入れと同じく（1）式である．

$$\begin{cases} \dot{x} = v\cos\theta \\ \dot{y} = v\sin\theta \\ \dot{\theta} = \omega \end{cases} \tag{1}$$

最適制御計算時の初期条件，終端条件および評価関数は次である．

【初期条件】 $\begin{cases} (x, y, \theta) = (0\mathrm{m}, 0\mathrm{m}, 0\,\mathrm{deg}) \\ (v, \omega) = (10\,\mathrm{m/s}, 0\,\mathrm{deg/s}) \end{cases}$　（DGT507. DAT）（2）

【終端条件】 $\begin{cases} (x, y, \theta) = \left(\left|x - (100 + \Delta)\right| \le 1\mathrm{m}, 0\mathrm{m}, 0\,\mathrm{deg}\right) \\ (\Delta \text{ は実時間再計算毎に増加}) \end{cases}$　（3）

【評価関数】 $J = \left(y^2 + \theta^2\right)_{終端} + 10\sum_{k=1}^{N}\left\{y(k)/20\right\}^2, \qquad (N = 5)$　（4）

なお，障害物を回避するために，２輪車両の中心位置と障害物（円柱）の中心との距離を一定以上近づかない条件を追加した（ステップ３参照）．また，サンプル時間は，例題 5.3.2 と同様にサンプル時間内で状態量チェック用に２点追加するので，1.47 秒ごとに状態量を把握できるとして 4.4 秒とした．

図 **5.3.3(b)** および図 **5.3.3(c)** は，最初のステップ１の実時間最適制御の計算結果である．このときは障害物がない状態である．初期速度 10m/s で出発した

2輪車両は，約13秒で終端条件の100mまで移動している．次のステップの初期値は図5.3.3(b)に示す○印の4つ目の点である．時間は図5.3.3(c)から4.4秒でこれはサンプル時間である．0～4.4秒の間に2つの点があるが，状態を評価する点を細かくするために導入された折れ線入力の点で，初期位置の○印から1～4個の○印が例題4.2.4の(13)式で示した$x(k)$，$x(k+1/3)$，$x(k+2/3)$，$x(k+1)$に対応する点である．ここで，$x(k+1)$に相当する点が次のステップの初期値となる．

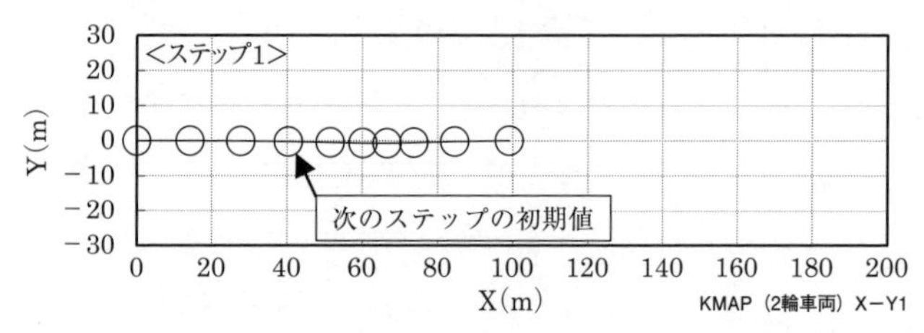

図**5.3.3(b)**　車両の移動軌跡（ステップ1）

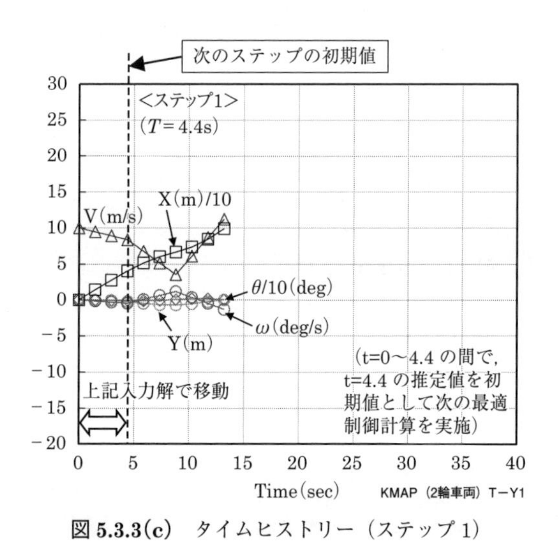

図**5.3.3(c)**　タイムヒストリー（ステップ1）

図5.3.3(d)および**図5.3.3(e)**は，4.4秒時点の状態を初期値した場合のステップ2の実時間最適制御の計算結果である．終端位置は約120mであるが，これは最初のステップ1では終端位置まで100mとして，それを5つに分割した折れ線入力で表しているので，ステップが1つ進む際に20mずつ増やした終端位

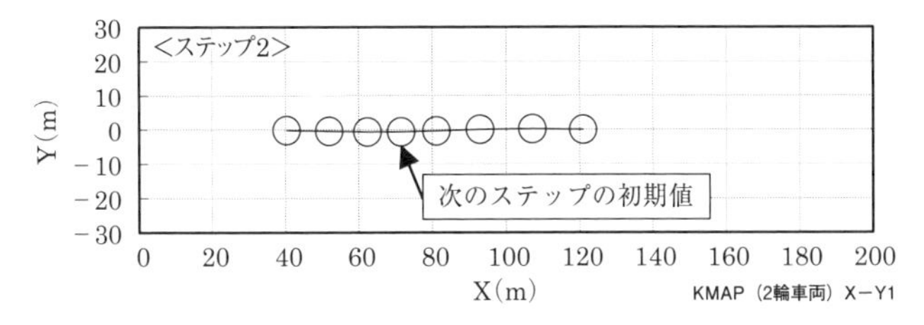

図 **5.3.3(d)**　車両の移動軌跡（ステップ 2）

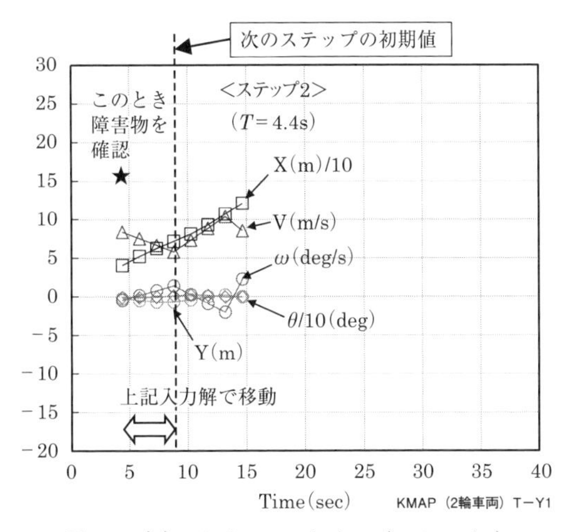

図 **5.3.3(e)**　タイムヒストリー（ステップ 2）

置（$\varDelta=20$m）としたことによる．

次のステップの初期値は，図 5.3.3(d) の〇印の $x=72$m の地点である．時間は図 5.3.3(e) から 8.8 秒である．ここでは，ステップ 2 の初期値（t＝4.4 秒）の時点において，走行を阻害する障害物が判明した場合を考える．直ちにそれを回避する実時間最適制御計算を実施した結果が，図 **5.3.3(f)** および図 **5.3.3(g)** のステップ 3 である．初期値は，時間 8.8 秒，$x=72$m の地点である．障害物は中心（x, y）＝(100m, 0m）で半径 5m の円柱と仮定し，2 輪車両の中心位置と障害物（円柱）の中心との距離を 10m 以下に近づかないようにした．図 5.3.3(f) から，2 輪車両は障害物を回り込んで回避した後，元の軌道に戻っていることがわかる．また，図 5.3.3(g) から障害物手前で速度を落としているのがわかる．

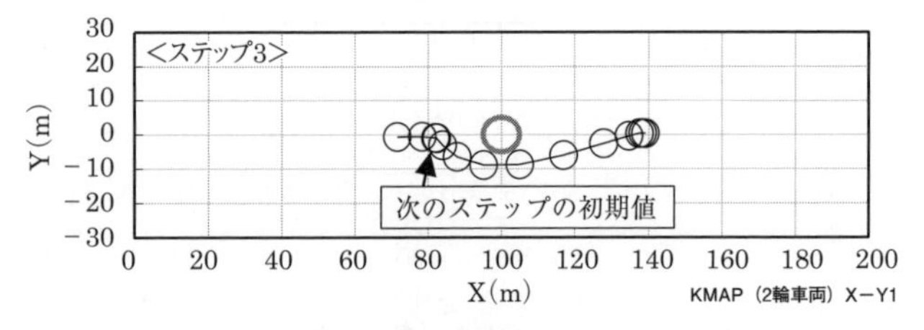

図 **5.3.3(f)**　車両の移動軌跡（ステップ3）

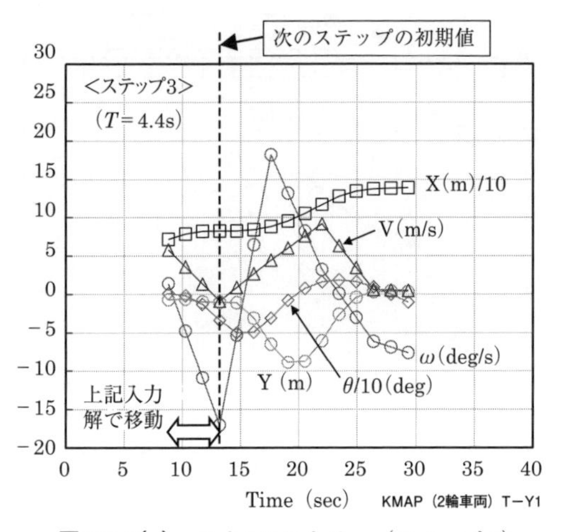

図 **5.3.3(g)**　タイムヒストリー（ステップ3）

次のステップの初期値は，図5.3.3(f) の○印の $x=82$m の地点である．時間は図5.3.3(g) から13.2秒である．図 **5.3.3(h)** および図 **5.3.3(i)** はステップ4の実時間最適制御の結果である．ステップ3と同様に，図5.3.3(h) から2輪車両は障害物を回り込んで回避した後，元の軌道に戻っていることがわかる．

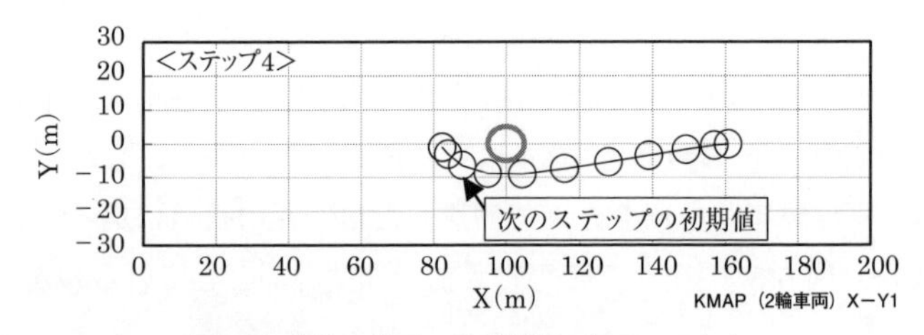

図 **5.3.3(h)**　車両の移動軌跡（ステップ4）

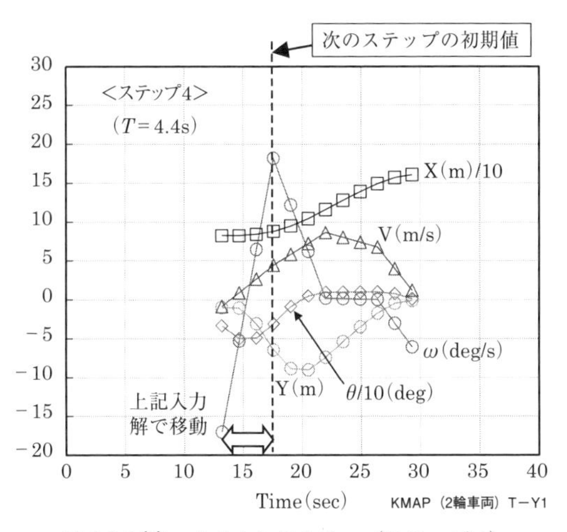

図 **5.3.3(i)**　タイムヒストリー（ステップ 4）

次のステップの初期値は，図 5.3.3(h) の○印の $x=88$m の地点である．時間は図 5.3.3(i) から 17.6 秒である．**図 5.3.3(j)** および**図 5.3.3(k)** はステップ 5 の実時間最適制御の結果である．図 5.3.3(j) から，2 輪車両は障害物を回り込んだ後，元の軌道に戻っていることがわかる．このステップ 5 が最終結果である．

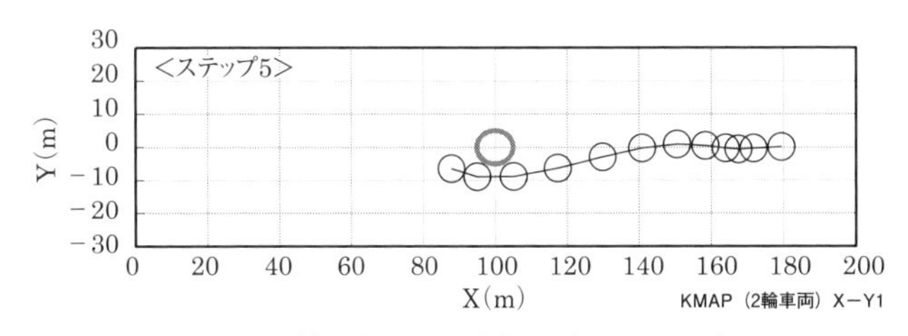

図 **5.3.3(j)**　車両の移動軌跡（ステップ 5）

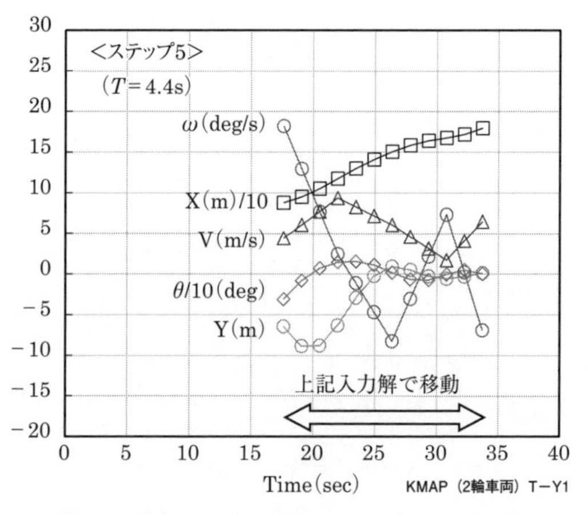

図 **5.3.3(k)**　タイムヒストリー（ステップ 5）

ステップ 1 ～ 5 で得られた 2 輪車両の走行時の障害物回避操舵入力を用いて，あらためて (1) 式の連続系の運動方程式を細かく積分した結果と上記の離散値化モデルの結果を同時に示した最終解を図 **5.3.3(*l*)** および図 **5.3.3(m)** に示す．図中の大きな○印および小さな○，□印等は，折れ線入力離散値化による計算結果であり，曲線は連続系を直接積分した結果である．両者の値は一致していることが確認できる．なお，1 ステップの計算に必要な時間は普通のパソコンで約 2 秒であり，サンプル時間である 4.4 秒に十分余裕があることから，実時間最適制御が可能であることがわかる．

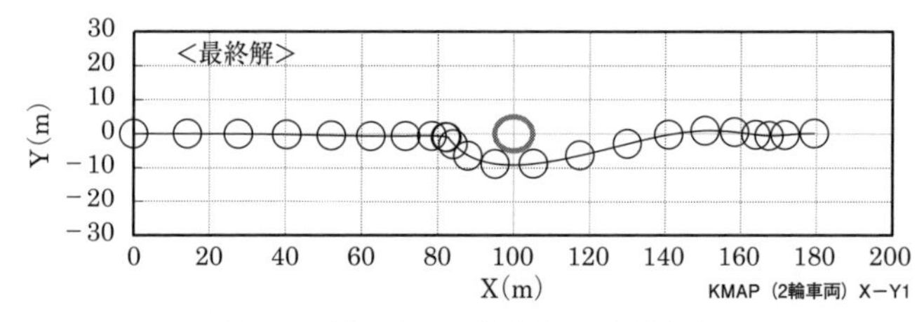

図 **5.3.3(*l*)**　車両の移動軌跡（最終解）

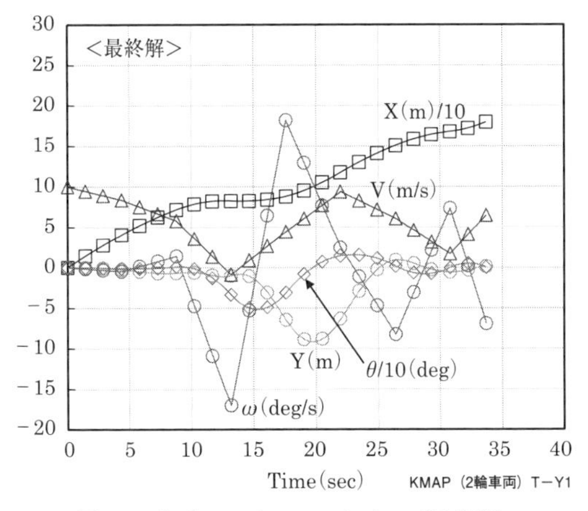

図 **5.3.3(m)** タイムヒストリー（最終解）

例題 5.3.4 2輪車両の走行時に2つの障害物を回避

例題 5.3.3 では2輪車両の走行時の障害物回避について検討した．本例題では，**図 5.3.4(a)** に示すように，2輪車両の走行時に突然障害物が2個現れた場合に回避運動する実時間最適制御について考える．

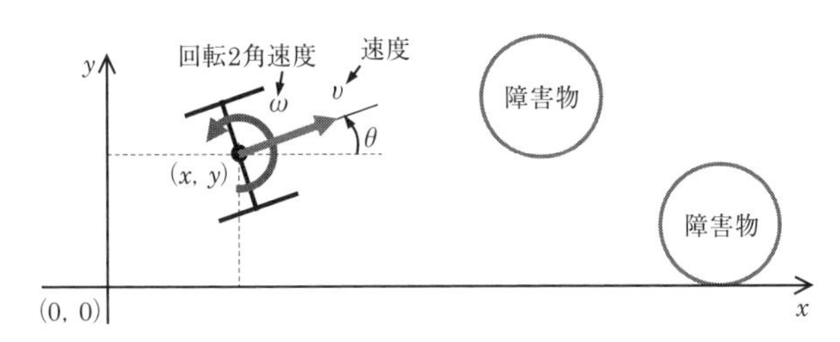

図 **5.3.4(a)** 2輪車両の走行時に2個の障害物回避

運動方程式は例題 5.3.3 と同じく (1) 式である．

$$\begin{cases} \dot{x} = v\cos\theta \\ \dot{y} = v\sin\theta \\ \dot{\theta} = \omega \end{cases} \tag{1}$$

初期条件，終端条件および評価関数も例題 5.3.3 と同じく次である．

$$【初期条件】\begin{cases}(x,y,\theta)=(0\mathrm{m},0\mathrm{m},0\mathrm{deg})\\(v,\omega)=(10\,\mathrm{m/s},0\,\mathrm{deg/s})\end{cases}\quad\text{(DGT508. DAT)}\quad(2)$$

$$【終端条件】\begin{cases}(x,y,\theta)=(|x-(100+\varDelta)|\leq 1\mathrm{m},0\mathrm{m},0\mathrm{deg})\\(\varDelta\text{は実時間再計算毎に増加})\end{cases}\quad(3)$$

$$【評価関数】J=(y^2+\theta^2)_{終端}+10\sum_{k=1}^{N}\{y(k)/20\}^2,\qquad(N=5)\quad(4)$$

なお，障害物を回避するために，2 輪車両の中心位置と障害物（円柱）の中心との距離を一定以上近づかない条件を追加した（ステップ 3 参照）．また，サンプル時間は，例題 5.3.3 と同様にサンプル時間内で状態量チェック用に 2 点追加するので，1.47 秒ごとに状態量を把握できるとして 4.4 秒とした．

図 5.3.4(b) および**図 5.3.4(c)** は，最初のステップ 1 の実時間最適制御の計算結果である．ステップ 1 は障害物がない状態で例題 5.3.3 と同じである．初期速度 10m/s で出発した 2 輪車両は，約 13 秒で終端条件の 100m まで移動している．次のステップの初期値は図 5.3.4(b) に示す○印の 4 つ目の点である．時間は図 5.3.4(c) から 4.4 秒でこれはサンプル時間である．なお，0 ～ 4.4 秒の間に 2 つの点があるが，これは状態を評価する点を細かくするために導入された点で，これらの 4 つの点は例題 4.2.4 の (13) 式の $x(k)$, $x(k+1/3)$, $x(k+2/3)$, $x(k+1)$ の点に対応する．

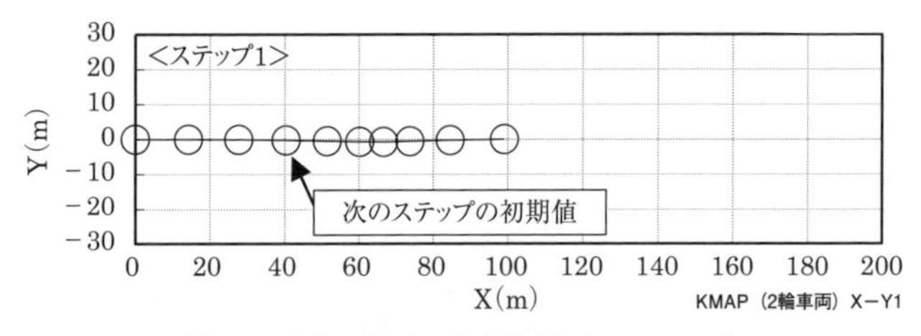

図 5.3.4(b)　車両の移動軌跡（ステップ 1）

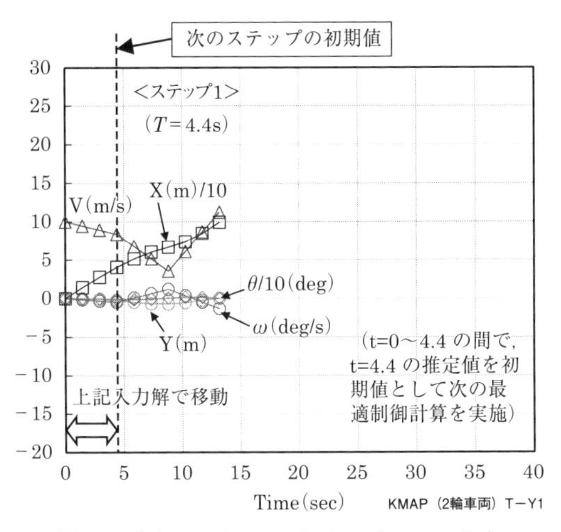

図 5.3.4(c)　タイムヒストリー（ステップ 1）

図 5.3.4(d) および**図 5.3.4(e)** は，4.4 秒時点の状態を初期値した場合のステップ２の実時間最適制御の計算結果である．ステップ２はまだ障害物がない状態であるが，例題 5.3.3 とはわずかに異なる結果となっている．これは，ステップが１つ進むごとに約 20m ずつ増やした終端位置とするがわずかに数値が異なっていることによる．サンプル時間はステップが進んでも 4.4 秒のままである．

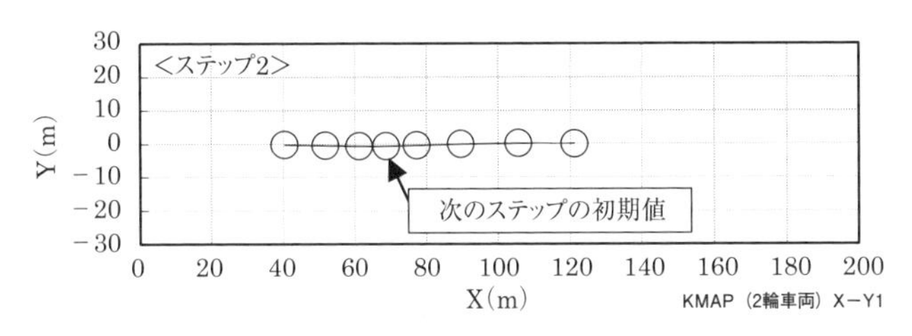

図 5.3.4(d)　車両の移動軌跡（ステップ 2）

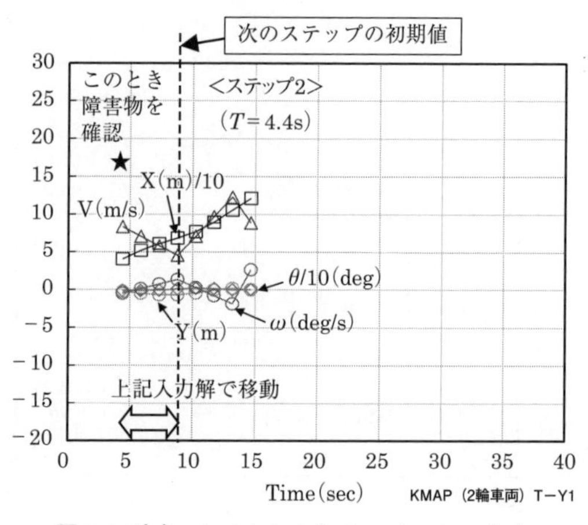

図 **5.3.4(e)**　タイムヒストリー（ステップ 2）

次のステップの初期値は，図 5.3.4(d) の○印の $x=69$m の地点である．時間は図 5.3.4(e) から 8.8 秒である．ここでは，ステップ 2 の初期値（t＝4.4 秒）の時点において，走行を阻害する障害物が判明した場合を考える．直ちにそれを回避する実時間最適制御計算を実施した結果が，**図 5.3.4(f)** および**図 5.3.4(g)** のステップ 3 である．障害物は中心 $(x, y)=(110\text{m}, 7\text{m})$，半径 10m の円柱および中心 $(x, y)=(140\text{m}, -10\text{m})$，半径 10m の円柱と仮定し，2 輪車両の中心位置と障害物（円柱）の中心との距離を 15m 以下に近づかないようにした．図 5.3.4(f) から，2 輪車両は 1 つ目の障害物を回り込んで回避した後，2 つ目の障害物も回り込んで回避していることがわかる．

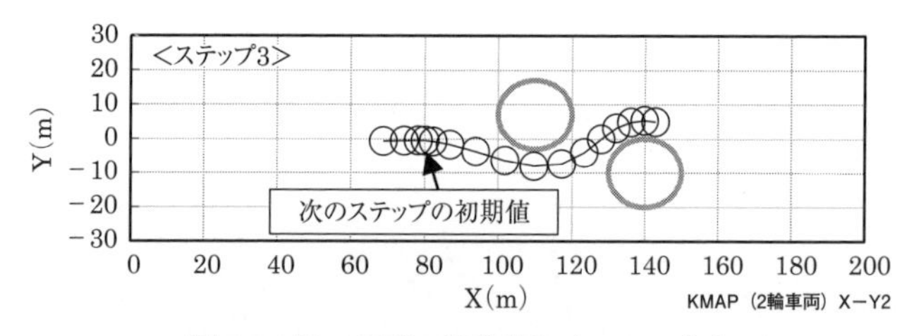

図 **5.3.4(f)**　車両の移動軌跡（ステップ 3）

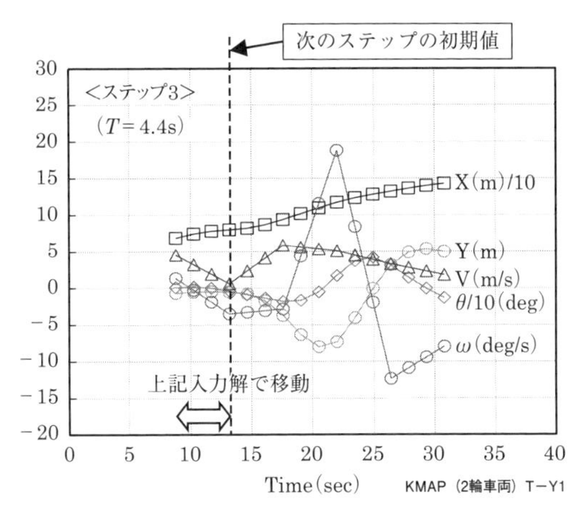

図 **5.3.4(g)**　タイムヒストリー（ステップ 3）

次のステップの初期値は，図 5.3.4(f) の◯印の $x=80$m の地点である．時間は図 5.3.4(g) から 13.2 秒である．図 **5.3.4(h)** および図 **5.3.4(i)** はステップ 4 の実時間最適制御の結果である．図 5.3.4(h) から２輪車両は２つの障害物を回り込んで回避した後，元の軌道に戻り始めていることがわかる．

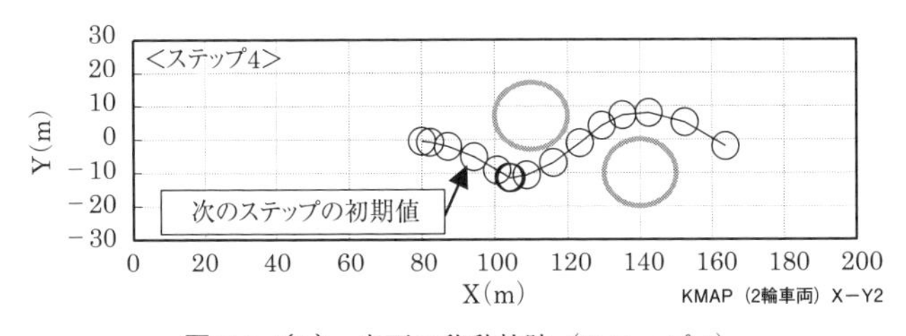

図 **5.3.4(h)**　車両の移動軌跡（ステップ 4）

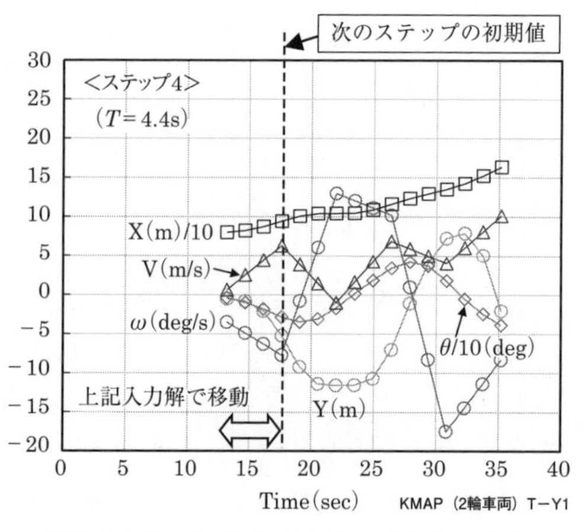

図 **5.3.4(i)**　タイムヒストリー（ステップ 4）

次のステップの初期値は，図 5.3.4(h) の○印の $x=94$m の地点である．時間は図 5.3.4(i) から 17.6 秒である．図 **5.3.4(j)** および図 **5.3.4(k)** はステップ 5 の実時間最適制御の結果である．図 5.3.4(j) から，2 輪車両は 2 つの障害物を回り込んだ後，元の軌道に戻っていることがわかる．このステップ 5 が最終結果である．

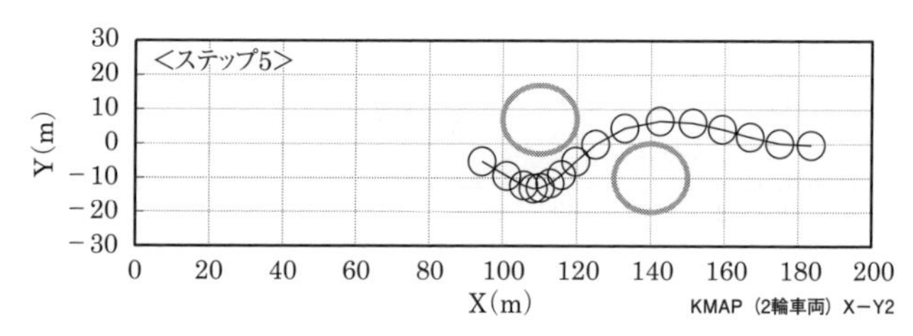

図 **5.3.4(j)**　車両の移動軌跡（ステップ 5）

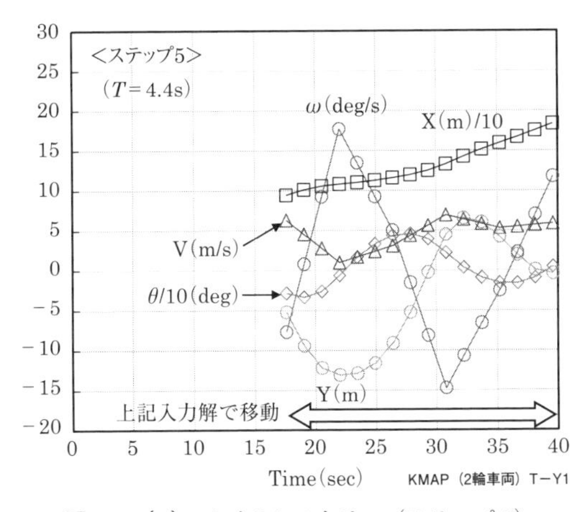

図 **5.3.4(k)**　タイムヒストリー（ステップ 5）

ステップ１～５で得られた２輪車両の走行時の障害物回避操舵入力を用いて，あらためて (1) 式の連続系の運動方程式を細かく積分した結果と上記の離散値化モデルの結果を同時に示した最終解を図 **5.3.4(*l*)** および図 **5.3.4(m)** に示す．図中の大きな○印および小さな○，□印等は，折れ線入力離散値化による計算結果であり，曲線は連続系を直接積分した結果である．両者の値は一致していることから，折れ線入力離散値化の運動計算結果が精度良く再現されていることがわかる．このように，折れ線入力による KMAP ゲイン最適化法を用い，高速化を図るために折れ線入力離散値化という手法を用いて２点境界値問題を実時間で直接解くことを可能とした．なお，１ステップの計算に必要な時間は普通のパソコンで約２秒であり，サンプル時間である 4.4 秒に十分余裕があることから，実時間最適制御が可能であることがわかる．今回はサンプル時間を 4.4 秒に設定したが，普通のパソコンでもこの半分の 2.2 秒に短縮することは可能である．

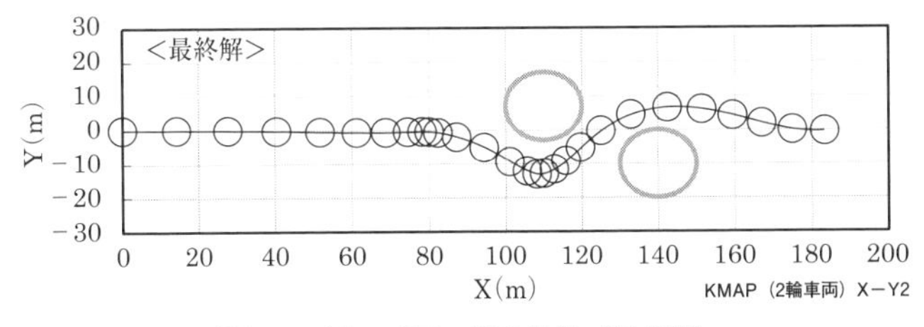

図 **5.3.4(*l*)**　車両の移動軌跡（最終解）

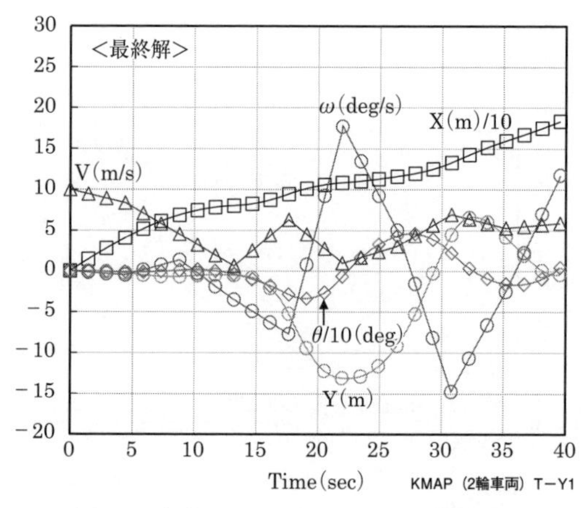

図 5.3.4(m)　タイムヒストリー（最終解）

図 5.3.4(n) に今回の実時間計算の細部説明を示す．各ステップにおける最適制御計算は，前のステップにおける最初の1サンプル時間後の値を初期条件にして，その1サンプル時間内に次ステップの最適制御計算を終了する．1サンプル時間の小さな□等は両端の点に加えて2つの評価点が追加されている．両端の点を含めた4点は，入力変数Vとωについてはその4点が直線上にある．したがって，両端以外の2点は簡単に求めることができる．図には入力Vは小さな△で，ωは小さな○で表されているが，これは2点境界値問題の折れ線入力離散値化の最適制御解である．これらのVとωを運動方程式に入力した結果がX, Y, θとして小さな□，○，◇で示されている．

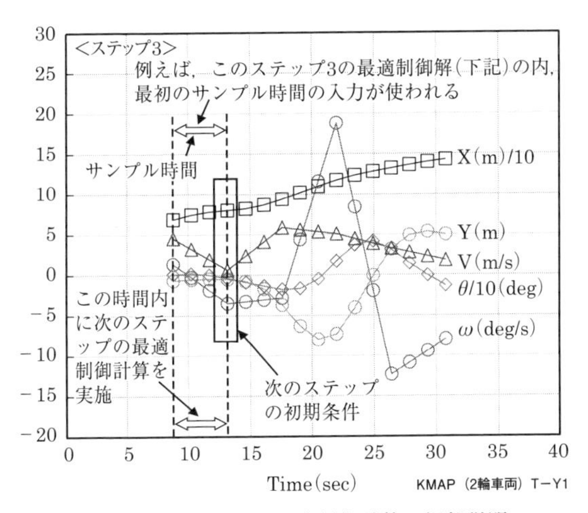

図 **5.3.4(n)**　実時間最適制御計算の細部説明

付録A　式の導出過程

【(1.1-6) 式の導出】

次の公式を利用する．

$$1+az^{-1}+a^2z^{-2}+\cdots=\frac{1}{1-az^{-1}}=\frac{z}{z-a} \tag{A1.1-1}$$

そこで，$X(z)$ を次のように展開する．

$$\begin{aligned}X(z)&=b_0+b_1\frac{z}{z-a_1}+b_2\frac{z}{z-a_2}+\cdots+b_n\frac{z}{z-a_n}\\&=(b_0+b_1+b_2+\cdots+b_n)+(b_1a_1+b_2a_2+\cdots+b_na_n)z^{-1}\\&\quad+(b_1a_1^2+b_2a_2^2+\cdots+b_na_n^2)z^{-2}+\cdots\end{aligned} \tag{A1.1-2}$$

このとき，逆 z 変換が次のように得られる．

$$\begin{aligned}\hat{x}(t)&=(b_0+b_1+b_2+\cdots+b_n)\delta(t)+(b_1a_1+b_2a_2+\cdots+b_na_n)\delta(t-T)\\&\quad+(b_1a_1^2+b_2a_2^2+\cdots+b_na_n^2)\delta(t-2T)+\cdots\end{aligned} \tag{A1.1-3}$$

（この式が（1.1-6）式である）

【(1.2-2) 式および（1.2-3）式の導出】

次の連続系の状態方程式で表されているシステムを考える．

$$\begin{cases}\dot{x}=Ax+B\hat{u}\\y=Cx+D\hat{u}\end{cases} \tag{A1.2-1}$$

ホールド要素はなしとして，(A1.2-1) 式の微分方程式を時間 t_k から積分すると

$$\begin{aligned}x(t)&=e^{A(t-t_k)}x(t_k)+\int_{t_k}^{t}e^{A(t-\tau)}B\hat{u}(\tau)d\tau\\&=e^{A(t-t_k)}x(t_k)+\int_{t_k}^{t}e^{A(t-\tau)}B\left\{\sum_{k=0}^{\infty}u(kT)\delta(kT)\right\}d\tau\end{aligned} \tag{A1.2-2}$$

ここで，$t=t_k+T$，$t-\tau=\upsilon$ とすると（A1.2-2）式は

$$x_{k+1}=e^{AT}x_k+\int_{t_k}^{t_k+T}e^{A(t_k+T-\tau)}B\left\{\sum_{k=0}^{\infty}u(kT)\delta(kT)\right\}d\tau \qquad \text{(A1.2-3)}$$

δ 関数の積分は，$\delta=1$ とした被積分関数であるから $\tau=t_k+T$ として

$$x_{k+1}=e^{AT}x_k+Bu_{k+1}=e^{AT}x_k+zBu_k \qquad \text{(A1.2-4)}$$

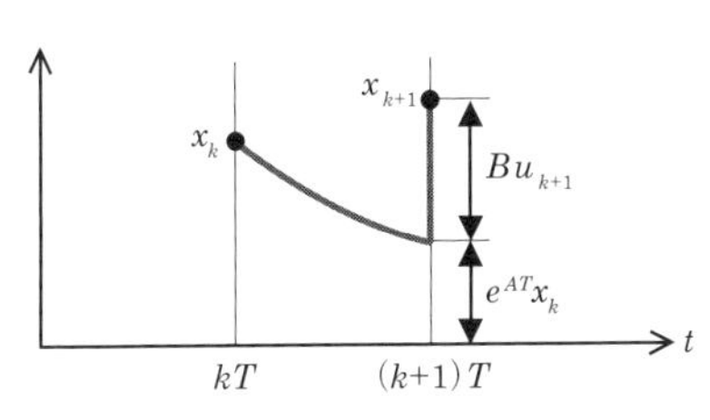

図 A1.2（a） ホールドなしの z 変換

まとめると次のようになる．

$$\begin{cases} x_{k+1}=Fx_k+Gu_k \\ y_k=Hx_k+Eu_k \end{cases} \qquad \boxed{\begin{matrix} F=e^{AT}, & G=zB \\ H=C, & E=D \end{matrix}} \qquad \text{(A1.2-5)}$$

（この式が（1.2-2）式である）

次に，z 変換式で表すと（1.1-4）式から

$$\begin{aligned} X(z)&=\sum_{k=0}^{\infty}x_kz^{-k}=x_0+x_1z^{-1}+x_2z^{-2}+\cdots \\ &=x_0+(Fx_0+Gu_0)z^{-1}+(Fx_1+Gu_1)z^{-2}+(Fx_2+Gu_2)z^{-3}+\cdots \\ &=x_0+(Fx_0+Gu_0)z^{-1}+\{F(Fx_0+Gu_0)+Gu_1\}z^{-2}+ \\ &\qquad+\{F(F(F(Fx_0+Gu_0)+Gu_1)x_1+Gu_1)+Gu_2\}z^{-3}+\cdots \\ &=x_0(I+Fz^{-1}+F^2z^{-2}+\cdots) \\ &\quad+Gz^{-1}u_0(I+Fz^{-1}+F^2z^{-2}+\cdots) \\ &\quad+Gz^{-2}u_1(I+Fz^{-1}+F^2z^{-2}+\cdots) \\ &=(I-Fz^{-1})^{-1}\{x_0+Gz^{-1}(u_0+u_1z^{-1}+u_2z^{-2}+\cdots)\} \end{aligned} \qquad \text{(A1.2-6)}$$

$$
\begin{aligned}
&=\left(I-Fz^{-1}\right)^{-1}\left\{x_0+Gz^{-1}U(z)\right\}\\
&=\left(zI-F\right)^{-1}\left\{zx_0+G\cdot U(z)\right\}
\end{aligned}
\tag{A1.2-6}
$$

ここで，

$$
U(z)=u_0+u_1z^{-1}+u_2z^{-2}+\cdots \tag{A1.2-7}
$$

初期値 $x_0=0$ とすると z 変換は次のようにまとめられる．

$$
\boxed{
\begin{aligned}
X(z)&=\left(zI-F\right)^{-1}G\cdot U(z)\\
Y(z)&=\left\{H\left(zI-F\right)^{-1}G+E\right\}U(z)
\end{aligned}}
\tag{A1.2-8}
$$

（この式が(1.2-3) 式である）

【例題 1.2.6(8) の式導出】

$$
\begin{aligned}
G(z)&=g(0)+g(T)z^{-1}+g(2T)z^{-2}+\cdots\\
&=g(0)+z^{-1}\left\{g(T)+g(2T)z^{-1}+g(3T)z^{-2}+\cdots\right\}
\end{aligned}
\tag{A1.2-9}
$$

$$
\therefore g(T)+g(2T)z^{-1}+g(3T)z^{-2}+\cdots=zG(z)-zg(0) \tag{A1.2-10}
$$

(A1.2-10) 式 − (A1.2-9) 式より

$$
\begin{aligned}
&g(T)+g(2T)z^{-1}+g(3T)z^{-2}+\cdots\\
&-\left\{g(0)+g(T)z^{-1}+g(2T)z^{-2}+\cdots\right\}=(z-1)G(z)-zg(0)
\end{aligned}
\tag{A1.2-11}
$$

(A1.2-11) 式で $z\to 1$ の場合の左辺は $\lim_{k\to\infty} g\left\{(k+1)T\right\}-g(0)$ (A1.2-12)

右辺は $\lim_{z\to 1}(z-1)G(z)-g(0)$ (A1.2-13)

(A1.2-12) 式 = (A1.2-13) 式より

$$
\lim_{k\to\infty} g\left\{(k+1)T\right\}=\lim_{z\to 1}(z-1)G(z) \tag{A1.2-14}
$$

$$
\therefore \lim_{k\to\infty} zg(kT)=\lim_{z\to 1}(z-1)G(z) \tag{A1.2-15}
$$

$$\therefore \lim_{k\to\infty} g(kT) = \lim_{t\to\infty} g(t) = \lim_{z\to 1}\frac{z-1}{z}G(z) \qquad \text{(A1.2-16)}$$

（A1.2-16 式が例題 1.2.6(8) 式である）

【(1.3-2) 式および (1.3-3) 式の導出】

プラントは次の連続系の状態方程式で表されているとする．ただし，プラントを表す添え字 p は省略する．また，$x(k)$ は x_k と略記する．

$$\begin{cases} \dot{x} = Ax + Bu \\ y = Cx = Du \end{cases} \qquad \text{(A1.3-1)}$$

(A1.3-1) 式の微分方程式を時間 t_k から積分すると

$$x(t) = e^{A(t-t_k)}x(t_k) + \int_{t_k}^{t} e^{A(t-\tau)}Bu(\tau)d\tau \qquad \text{(A1.3-2)}$$

ここで，プラントへの入力 u は 0 次ホールドにより t_k から $t = t_{k+1} = t_k + T$ の間は一定値 u_k であるので，$t = t_k + T$ とすると (A1.3-2) 式は

$$x_{k+1} = e^{AT}x_k + \left(\int_{t_k}^{t_k+T} e^{A(t-\tau)}d\tau\right)Bu_k \qquad \text{(A1.3-3)}$$

ここで，

$$\int e^{At}dt = e^{At}A^{-1} + Const \qquad \text{(A1.3-4)}$$

の関係式を考慮すると，(A1.3-3) 式は

$$\begin{aligned} x_{k+1} &= e^{AT}x_k + \left(\int_0^T e^{Av}dv\right)Bu_k = e^{AT}x_k + \left[e^{Av}A^{-1}\right]_0^T Bu_k \\ &= e^{AT}x_k + \left(e^{AT} - I\right)A^{-1}Bu_k \end{aligned} \qquad \text{(A1.3-5)}$$

まとめると次のようになる．

$$\begin{cases} x_{k+1} = Fx_k + Gu_k \\ y_k = Hx_k + Eu_k \end{cases} \qquad \boxed{\begin{matrix} F = e^{AT} & G = \left(e^{AT} - I\right)A^{-1}B \\ H = C & E = D \end{matrix}} \qquad \text{(A1.3-6)}$$

（この式が 1.3 節の (1.3-2) 式である）

次に，(A1.3-6) 式を z 変換式で表現する．

$$
\begin{aligned}
X(z) &= \sum_{k=0}^{\infty} x_k z^{-k} = x_0 + x_1 z^{-1} + x_2 z^{-2} + \cdots \\
&= x_0 + \left(Fx_0 + Gu_0\right) z^{-1} + \left(Fx_1 + Gu_1\right) z^{-2} + \cdots \\
&= x_0 + \left(Fx_0 + Gu_0\right) z^{-1} + \left\{F\left(Fx_0 + Gu_0\right) + Gu_1\right\} z^{-2} + \cdots \\
&= \left(I + Fz^{-1} + F^2 z^2 + \cdots\right)\left\{x_0 + Gz^{-1}\left(u_0 + u_1 z^{-1} + u_2 z^{-2} + \cdots\right)\right\} \\
&= \left(I - Fz^{-1}\right)^{-1}\left\{x_0 + Gz^{-1}\left(u_0 + u_1 z^{-1} + u_2 z^{-2} + \cdots\right)\right\} \\
&= \left(zI - F\right)^{-1}\left\{zx_0 + G \cdot U(z)\right\}
\end{aligned}
\tag{A1.3-7}
$$

ここで，

$$
U(z) = u_0 + u_1 z^{-1} + u_2 z^{-2} + \cdots \tag{A1.3-8}
$$

初期値 $x_0 = 0$ とすると z 変換は次のようにまとめられる．

$$
\boxed{
\begin{aligned}
X(z) &= (zI - F)^{-1} G \cdot U(z) \\
Y(z) &= \{H(zI - F)^{-1} G + E\}\, U(z)
\end{aligned}
}
\tag{A1.3-9}
$$

（この式が 1.3 節の (1.3-3) 式である）

【(1.4-4) 式～(1.4-6) 式の導出】

制御則が次の連続系の状態方程式で表されているとする．

$$
\begin{cases}
\dot{x} = Ax + Bu \\
y = Cx + Du
\end{cases}
\tag{A1.4-1}
$$

(A1.4-1) 式をラプラス変換すると

$$
X(s) = \left(sI - A\right)^{-1} B \cdot U(s) = \left(\frac{sT}{2} I - \frac{AT}{2}\right)^{-1} \frac{BT}{2} \cdot U(s) \tag{A1.4-2}
$$

ここで，Tustin 変換式：$\dfrac{sT}{2} = \dfrac{z-1}{z+1}$　　(A1.4-3)

を (A1.4-2) 式に代入すると

$$
X(z) = \left(\frac{z-1}{z+1} I - \frac{AT}{2}\right)^{-1} \frac{BT}{2} \cdot U(z) \tag{A1.4-4}
$$

$$=(z+1)\left\{(z-1)I-(z+1)\frac{AT}{2}\right\}^{-1}\frac{BT}{2}\cdot U(z)$$
$$=(z+1)\left\{z\left(I-\frac{AT}{2}\right)-\left(I+\frac{AT}{2}\right)\right\}^{-1}\frac{BT}{2}\cdot U(z) \qquad \text{(A1.4-4)}$$

ここで，$F_1=I-\dfrac{AT}{2}$，$F_2=I+\dfrac{AT}{2}$ (A1.4-5)

とおき，(A1.4-4) 式に代入すると

$$X(z)=(z+1)(zF_1-F_2)^{-1}\frac{BT}{2}\cdot U(z)$$
$$=(z+1)\left\{F_1\left(zI-F_1^{-1}F_2\right)\right\}^{-1}\frac{BT}{2}\cdot U(z) \qquad \text{(A1.4-6)}$$
$$=(z+1)\left(zI-F_1^{-1}F_2\right)^{-1}F_1^{-1}\frac{BT}{2}\cdot U(z)$$

ここで，$a\cdot A=A\cdot(aI)$ (A1.4-7)

の関係式を (A1.4-6) 式に適用すると

$$X(z)=\left(zI-F_1^{-1}F_2\right)^{-1}(zI+I)F_1^{-1}\frac{BT}{2}\cdot U(z) \qquad \text{(A1.4-8)}$$

ここで，

$$F_1=I-\frac{AT}{2}=2I-\left(I+\frac{AT}{2}\right)=2I-F_2 \qquad \text{(A1.4-9)}$$

両辺に F_1^{-1} をかけると

$$I=2F_1^{-1}-F_1^{-1}F_2 \qquad \text{(A1.4-10)}$$

この式を (A1.4-8) 式の $(zI+I)$ の中の I に代入すると

$$X(z)=\left(zI-F_1^{-1}F_2\right)^{-1}\left\{\left(zI-F_1^{-1}F_2\right)F_1^{-1}\frac{BT}{2}+2F_1^{-2}\frac{BT}{2}\right\}\cdot U(z)$$
$$=\left\{\left(zI-F_1^{-1}F_2\right)^{-1}\cdot 2F_1^{-2}\frac{BT}{2}+F_1^{-1}\frac{BT}{2}\right\}\cdot U(z) \qquad \text{(A1.4-11)}$$

このとき，応答は

$$
\begin{aligned}
Y(z) &= C\cdot X(z) + D\cdot U(z) \\
&= \left\{ C\left(zI - F_1^{-1}F_2\right)^{-1} \cdot 2F_1^{-2}\frac{BT}{2} + \left(D + CF_1^{-1}\frac{BT}{2}\right)\right\}\cdot U(z)
\end{aligned}
\tag{A1.4-12}
$$

(A1.4-11) 式および (A1.4-12) 式に対応する離散時間状態方程式は次のように表される.

$$
\begin{cases}
\tilde{x}_{k+1} = F_1^{-1}F_2\tilde{x}_k + 2F_1^{-2}\dfrac{BT}{2}u_k \\
x_k = \tilde{x}_k + F_1^{-1}\dfrac{BT}{2}u_k \\
y_k = Cx_k + Du_k = C\tilde{x}_k + \left(D + CF_1^{-1}\dfrac{BT}{2}\right)u_k
\end{cases}
\tag{A1.4-13}
$$

まとめると

$$
\begin{cases}
\tilde{x}_{k+1} = F\tilde{x}_k + Gu_k \\
y_k = H\tilde{x}_k + Eu_k
\end{cases}
\quad
\boxed{
\begin{array}{lll}
F = F_1^{-1}F_2 & G = 2F_1^{-2}G_1 & \\
H = C & E = D + CF_1^{-1}G_1 & \\
F_1 = I - \dfrac{AT}{2} & F_2 = I + \dfrac{AT}{2} & G_1 = \dfrac{BT}{2}
\end{array}
}
\tag{A1.4-14}
$$

z 変換の式は次式である.

$$
\boxed{
\begin{aligned}
X(z) &= \left\{(zI - F)^{-1}G + F_1^{-1}G_1\right\}\cdot U(z) \\
Y(z) &= \left\{H(zI - F)^{-1}G + E\right\}\cdot U(z)
\end{aligned}
}
\tag{A1.4-15}
$$

((A1.4-13) 式～(A1.4-15) 式が 1.4 節の (1.4-4) 式～(1.4-6) 式である)

【(2.1-5) 式～(2.1-6) 式の導出】

プラントの状態方程式は

$$
\begin{cases}
\dot{x}_p(t) = A_p x_p(t) + B_p u_p(t) \\
y_p(t) = C_p x_p(t) + D_p u_p(t)
\end{cases}
\tag{A2.1-1}
$$

連続系の制御則は

$$\begin{cases} \dot{x}_c(t) = A_c x_c(t) + B_c u_c(t) \\ y_c(t) = C_c x_c(t) + D_c u_c(t) \end{cases} \tag{A2.1-2}$$

結合式は次式である．

$$\begin{cases} u_p(t) = y_c(t) \\ u_c(t) = u_1(t) - y_p(t) \end{cases} \tag{A2.1-3}$$

いま，次のベクトルを定義する．

$$x = \begin{bmatrix} x_p(t) \\ x_c(t) \end{bmatrix}, \quad y = \begin{bmatrix} y_p(t) \\ y_c(t) \end{bmatrix}, \quad u = \begin{bmatrix} u_p(t) \\ u_c(t) \end{bmatrix} \tag{A2.1-4}$$

(A2.1-1) 式，(A2.1-2) 式および (A2.1-3) 式をまとめると

$$\begin{cases} \dot{x} = \begin{bmatrix} A_p & 0 \\ 0 & A_c \end{bmatrix} x + \begin{bmatrix} B_p & 0 \\ 0 & B_c \end{bmatrix} u \\ y = \begin{bmatrix} C_p & 0 \\ 0 & C_c \end{bmatrix} x + \begin{bmatrix} D_p & 0 \\ 0 & D_c \end{bmatrix} u \\ u = \begin{bmatrix} 0 & I \\ -I & 0 \end{bmatrix} y + \begin{bmatrix} 0 \\ I \end{bmatrix} u_1 \end{cases} \tag{A2.1-5}$$

このとき，(A2.1-5) 式の 2 つ目の式から

$$\begin{aligned} y &= \begin{bmatrix} C_p & 0 \\ 0 & C_c \end{bmatrix} x + \begin{bmatrix} D_p & 0 \\ 0 & D_c \end{bmatrix} \cdot \left\{ \begin{bmatrix} 0 & I \\ -I & 0 \end{bmatrix} y + \begin{bmatrix} 0 \\ I \end{bmatrix} u_1 \right\} \\ &= \begin{bmatrix} C_p & 0 \\ 0 & C_c \end{bmatrix} x + \begin{bmatrix} 0 & D_p \\ -D_c & 0 \end{bmatrix} y + \begin{bmatrix} 0 \\ D_c \end{bmatrix} u_1 \end{aligned} \tag{A2.1-6}$$

$$\therefore \begin{bmatrix} I & -D_p \\ D_c & I \end{bmatrix} y = \begin{bmatrix} C_p & 0 \\ 0 & C_c \end{bmatrix} x + \begin{bmatrix} 0 \\ D_c \end{bmatrix} u_1 \tag{A2.1-7}$$

ここで，

$$\begin{bmatrix} I & -D_p \\ D_c & I \end{bmatrix}^{-1} = \begin{bmatrix} I - D_p M D_c & D_p M \\ -M D_c & M \end{bmatrix} \tag{A2.1-8}$$

ただし，

$$M=(I+D_cD_p)^{-1} \tag{A2.1-9}$$

したがって，(A2.1-7) 式は

$$\begin{aligned}
y &= \begin{bmatrix} I-D_pMD_c & D_pM \\ -MD_c & M \end{bmatrix} \cdot \left\{ \begin{bmatrix} C_p & 0 \\ 0 & C_c \end{bmatrix} x + \begin{bmatrix} 0 \\ D_c \end{bmatrix} u_1 \right\} \\
&= \begin{bmatrix} \left(I-D_pMD_c\right)C_p & D_pMC_c \\ -MD_cC_p & MC_c \end{bmatrix} x + \begin{bmatrix} D_pMD_c \\ MD_c \end{bmatrix} u_1 \\
&= \begin{bmatrix} H_{11} & H_{12} \\ H_{21} & H_{22} \end{bmatrix} x + \begin{bmatrix} D_pMD_c \\ MD_c \end{bmatrix} u_1
\end{aligned} \tag{A2.1-10}$$

ただし，

$$\begin{cases} H_{11}=\left(I-E_pME_c\right)H_p, & H_{12}=E_pMH_c \\ H_{21}=-ME_cH_p, & H_{22}=MH_c \end{cases} \tag{A2.1-11}$$

一方，$x(k)$ の式は (A2.1-5) 式および (A2.1-10) 式から

$$\begin{aligned}
\dot{x} &= \begin{bmatrix} A_p & 0 \\ 0 & A_c \end{bmatrix} x + \begin{bmatrix} B_p & 0 \\ 0 & B_c \end{bmatrix} \left\{ \begin{bmatrix} 0 & I \\ -I & 0 \end{bmatrix} y + \begin{bmatrix} 0 \\ I \end{bmatrix} u_1 \right\} \\
&= \begin{bmatrix} A_p & 0 \\ 0 & A_c \end{bmatrix} x + \begin{bmatrix} B_p & 0 \\ 0 & B_c \end{bmatrix} \left[\begin{bmatrix} 0 & I \\ -I & 0 \end{bmatrix} \left\{ \begin{bmatrix} H_{11} & H_{12} \\ H_{21} & H_{22} \end{bmatrix} x + \begin{bmatrix} D_pMD_c \\ MD_c \end{bmatrix} u_1 \right\} + \begin{bmatrix} 0 \\ I \end{bmatrix} u_1 \right] \\
&= \begin{bmatrix} A_p & 0 \\ 0 & A_c \end{bmatrix} x + \begin{bmatrix} B_p & 0 \\ 0 & B_c \end{bmatrix} \left\{ \begin{bmatrix} H_{21} & H_{22} \\ -H_{11} & -H_{12} \end{bmatrix} x + \begin{bmatrix} MD_c \\ I-D_pMD_c \end{bmatrix} u_1 \right\} \\
&= \begin{bmatrix} A_p+B_pH_{21} & B_pH_{22} \\ -B_cH_{11} & A_c-B_cH_{12} \end{bmatrix} x + \begin{bmatrix} B_pMD_c \\ B_c\left(I-D_pMD_c\right) \end{bmatrix} u_1
\end{aligned} \tag{A2.1-12}$$

まとめると

$$\begin{cases} \dot{x}(t)=A_Ox(t)+B_Ou_1(t) \\ y(t)=C_Ox(t)+D_Ou_1(t) \end{cases} \left(x(t)=\begin{bmatrix} x_p(t) \\ x_c(t) \end{bmatrix},\quad y(t)=\begin{bmatrix} y_p(t) \\ y_c(t) \end{bmatrix} \right) \tag{A2.1-13}$$

ここで，

$$
A_O = \begin{bmatrix} A_p + B_p H_{21} & B_p H_{22} \\ -B_c H_{11} & A_c - B_c H_{12} \end{bmatrix}, \quad B_O = \begin{bmatrix} B_p M D_c \\ B_c \left(I - D_p M D_c \right) \end{bmatrix}
$$

$$
C_O = \begin{bmatrix} H_{11} & H_{12} \\ H_{21} & H_{22} \end{bmatrix}, \quad D_O = \begin{bmatrix} D_p M D_c \\ M D_c \end{bmatrix} \qquad \text{(A2.1-14)}
$$

$$
\begin{pmatrix} H_{11} = \left(I - D_p M D_c \right) C_p, & H_{12} = D_p M C_c \\ H_{21} = -M D_c C_p, & H_{22} = M C_c \end{pmatrix} \quad M = \left(I + D_c D_p \right)^{-1}
$$

((A2.1-13) 式～ (A2.1-14) 式が 2.1 節の (2.1-5) 式～(2.1-6) 式である)

【(2.1-9) 式～(2.1-10) 式の導出】

プラントの状態方程式は

$$
\begin{cases} \dot{x}_p(t) = A_p x_p(t) + B_p u_p(t) \\ y_p(t) = C_p x_p(t) + D_p u_p(t) \end{cases} \qquad \text{(A2.1-15)}
$$

連続系の制御則は

$$
\begin{cases} \dot{x}_c(t) = A_c x_c(t) + B_c u_c(t) \\ y_c(t) = C_c x_c(t) + D_c u_c(t) \end{cases} \qquad \text{(A2.1-16)}
$$

結合式は次式である.

$$
\begin{cases} u_p(t) = u_1(t) \\ u_c(t) = -y_p(t) \end{cases} \qquad \text{(A2.1-17)}
$$

いま，次のベクトルを定義する.

$$
x = \begin{bmatrix} x_p(t) \\ x_c(t) \end{bmatrix}, \quad y = \begin{bmatrix} y_p(t) \\ y_c(t) \end{bmatrix}, \quad u = \begin{bmatrix} u_p(t) \\ u_c(t) \end{bmatrix} \qquad \text{(A2.1-18)}
$$

(A2.1-15) 式～(A2.1-17) 式をまとめると

$$\begin{cases} \dot{x} = \begin{bmatrix} A_p & 0 \\ 0 & A_c \end{bmatrix} x + \begin{bmatrix} B_p & 0 \\ 0 & B_c \end{bmatrix} u \\ y = \begin{bmatrix} C_p & 0 \\ 0 & C_c \end{bmatrix} x + \begin{bmatrix} D_p & 0 \\ 0 & D_c \end{bmatrix} u \\ u = \begin{bmatrix} 0 & 0 \\ -I & 0 \end{bmatrix} y + \begin{bmatrix} I \\ 0 \end{bmatrix} u_1 \end{cases} \tag{A2.1-19}$$

このとき，(A2.1-5) 式の 2 つ目の式から

$$\begin{aligned} y &= \begin{bmatrix} C_p & 0 \\ 0 & C_c \end{bmatrix} x + \begin{bmatrix} D_p & 0 \\ 0 & D_c \end{bmatrix} \cdot \left\{ \begin{bmatrix} 0 & 0 \\ -I & 0 \end{bmatrix} y + \begin{bmatrix} I \\ 0 \end{bmatrix} u_1 \right\} \\ &= \begin{bmatrix} C_p & 0 \\ 0 & C_c \end{bmatrix} x + \begin{bmatrix} 0 & 0 \\ -D_c & 0 \end{bmatrix} y + \begin{bmatrix} D_p \\ 0 \end{bmatrix} u_1 \end{aligned} \tag{A2.1-20}$$

$$\therefore \begin{bmatrix} I & 0 \\ D_c & I \end{bmatrix} y = \begin{bmatrix} C_p & 0 \\ 0 & C_c \end{bmatrix} x + \begin{bmatrix} D_p \\ 0 \end{bmatrix} u_1 \tag{A2.1-21}$$

ここで，

$$\begin{bmatrix} I & 0 \\ D_c & I \end{bmatrix}^{-1} = \begin{bmatrix} I & 0 \\ -D_c & I \end{bmatrix} \tag{A2.1-22}$$

したがって，(A2.1-20) 式は

$$\begin{aligned} y &= \begin{bmatrix} I & 0 \\ -D_c & I \end{bmatrix} \cdot \left\{ \begin{bmatrix} C_p & 0 \\ 0 & C_c \end{bmatrix} x + \begin{bmatrix} D_p \\ 0 \end{bmatrix} u_1 \right\} \\ &= \begin{bmatrix} C_p & 0 \\ -D_c C_p & C_c \end{bmatrix} x + \begin{bmatrix} D_p \\ -D_c D_p \end{bmatrix} u_1 \end{aligned} \tag{A2.1-23}$$

一方，$x(k)$ の式は (A2.1-19) 式および (A2.1-23) 式から

$$\begin{aligned} \dot{x} &= \begin{bmatrix} A_p & 0 \\ 0 & A_c \end{bmatrix} x + \begin{bmatrix} B_p & 0 \\ 0 & B_c \end{bmatrix} \left\{ \begin{bmatrix} 0 & 0 \\ -I & 0 \end{bmatrix} y + \begin{bmatrix} I \\ 0 \end{bmatrix} u_1 \right\} \\ &= \begin{bmatrix} A_p & 0 \\ 0 & A_c \end{bmatrix} x + \begin{bmatrix} B_p & 0 \\ 0 & B_c \end{bmatrix} \left[\begin{bmatrix} 0 & 0 \\ -I & 0 \end{bmatrix} \left\{ \begin{bmatrix} C_p & 0 \\ -D_c C_p & C_c \end{bmatrix} x + \begin{bmatrix} D_p \\ -D_c D_p \end{bmatrix} u_1 \right\} + \begin{bmatrix} I \\ 0 \end{bmatrix} u_1 \right] \end{aligned}$$

$$
\begin{aligned}
&=\begin{bmatrix} A_p & 0 \\ 0 & A_c \end{bmatrix} x + \begin{bmatrix} B_p & 0 \\ 0 & B_c \end{bmatrix} \left\{ \begin{bmatrix} 0 & 0 \\ -C_p & 0 \end{bmatrix} x + \begin{bmatrix} I \\ -D_p \end{bmatrix} u_1 \right\} \\
&=\begin{bmatrix} A_p & 0 \\ -B_c C_p & A_c \end{bmatrix} x + \begin{bmatrix} B_p \\ -B_c D_p \end{bmatrix} u_1
\end{aligned}
\qquad \text{(A2.1-24)}
$$

まとめると，開ループの状態方程式が次のように得られる．

$$
\begin{cases} \dot{x}(t) = A_O x(t) + B_O u_1(t) \\ y_c(t) = C_O x(t) + D_O u_1(t) \end{cases} \quad \left(x(t) = \begin{bmatrix} x_p(t) \\ x_c(t) \end{bmatrix} \right) \qquad \text{(A2.1-25)}
$$

ここで，

$$
\boxed{
\begin{aligned}
&A_O = \begin{bmatrix} A_p & 0 \\ -B_c C_p & A_c \end{bmatrix}, \quad B_O = \begin{bmatrix} B_p \\ -B_c D_p \end{bmatrix} \\
&C_O = \begin{bmatrix} -D_c C_p & C_c \end{bmatrix}, \quad D_O = \begin{bmatrix} -D_c D_p \end{bmatrix}
\end{aligned}
}
\qquad \text{(A2.1-26)}
$$

（(A2.1-25) 式～(A2.1-26) 式が 2.1 節の (2.1-9) 式～(2.1-10) 式である）

【4.1】(4.1-4) 式～(4.1-5) 式の導出

図 4.1 (a) から，入力 $u(t)$ は次のように表される．

$$
\begin{aligned}
u_p(t) &= u(k) + \frac{u(k+1) - u(k)}{T}(t - kT) \\
&= \frac{(k+1)T - t}{T} u(k) + \frac{t - kT}{T} u(k+1),
\end{aligned}
\qquad kT \le t \le (k+1)T \qquad \text{(A4.1-1)}
$$

次の連続系の状態方程式

$$
\dot{x}_p = A x_p + B u_p \qquad \text{(A4.1-2)}
$$

の入力 u_p に (A4.1-1) 式を代入して，(A4.1-2) 式の状態方程式を時間 kT から $(k+1)T$ まで積分すると

$$
\begin{aligned}
x_p(k+1) &= e^{AT} x_p(k) + \int_{kT}^{(k+1)T} e^{A\{(k+1)T-\tau\}} \cdot B \left\{ \frac{(k+1)T - t}{T} u(k) + \frac{t - kT}{T} u(k+1) \right\} d\tau \\
&= e^{AT} x_p(k) + \int_{kT}^{(k+1)T} e^{A\{(k+1)T-\tau\}} \cdot \frac{(k+1)T - \tau}{T} d\tau \cdot Bu(k)
\end{aligned}
$$

$$+\int_{kT}^{(k+1)T} e^{A\{(k+1)T-\tau\}} \cdot \frac{\tau - kT}{T} d\tau \cdot Bu(k+1) \qquad \text{(A4.1-3)}$$

ここで，$v=(k+1)T-\tau$ とおくと（A4.1-3）式の右辺第 2 項は

$$\begin{aligned} &\int_{kT}^{(k+1)T} e^{A\{(k+1)T-\tau\}} \cdot \frac{(k+1)T-\tau}{T} d\tau \cdot Bu(k) \\ &= \int_{T}^{0} e^{Av} \cdot \frac{v}{T}(-dv) \cdot Bu(k) = \frac{1}{T}\int_{0}^{T} ve^{Av} dv \cdot Bu(k) \end{aligned} \qquad \text{(A4.1-4)}$$

また，（A4.1-3）式の右辺第 3 項は

$$\begin{aligned} &\int_{kT}^{(k+1)T} e^{A\{(k+1)T-\tau\}} \cdot \frac{\tau - kT}{T} d\tau \cdot Bu(k+1) \\ &= \int_{T}^{0} e^{Av} \cdot \frac{T-v}{T}(-dv) \cdot Bu(k+1) = \int_{0}^{T} e^{Av} \cdot \left(1 - \frac{v}{T}\right) dv \cdot Bu(k+1) \\ &= \int_{0}^{T} e^{Av} \cdot dv \cdot Bu(k+1) - \frac{1}{T}\int_{0}^{T} ve^{Av} \cdot dv \cdot Bu(k+1) \end{aligned} \qquad \text{(A4.1-5)}$$

（A4.1-4）式および（A4.1-5）式を，（A4.1-3）式に代入すると

$$x_p(k+1) = e^{AT} x_p(k) + \frac{1}{T} B_1 u(k) + \left(B_0 - \frac{1}{T} B_1\right) u(k+1) \qquad \text{(A4.1-6)}$$

ただし，

$$\begin{cases} B_0 = \int_{0}^{T} e^{Av} dv \cdot B = \left(e^{AT} - I\right) A^{-1} B \\ B_1 = \int_{0}^{T} ve^{Av} dv \cdot B \end{cases} \qquad \text{(A4.1-7)}$$

ここで，

$$e^{AT} = I + AT + A^2T^2/2! + A^3T^3/3! + \cdots \qquad \text{(A4.1-8)}$$

の関係を用いると，（A4.1-7）式の B_0 は次のように表せる．

$$\begin{aligned} B_0 &= \left(e^{AT} - I\right) A^{-1} B \\ &= \left(IT + AT^2/2! + AT^3/3! + \cdots\right) B \\ &= \left(I + AT/2! + A^2T^2/3! + \cdots\right) BT \end{aligned} \qquad \text{(A4.1-9)}$$

次に，B_1 を求める．いま，次の関係式を用いる．

$$\frac{d}{dv}\left(uw\right)=\frac{du}{dv}w+u\frac{dw}{dv} \tag{A4.1-10}$$

$$\int_0^T u\frac{dw}{dv}dv=\int_0^T \frac{d}{dv}\left(uw\right)dv-\int_0^T \frac{du}{dv}wdv \tag{A4.1-11}$$

ここで，$u=v$，$\dfrac{dw}{dv}=e^{Av}$ とおけば，$\dfrac{du}{dv}=1$，$w=e^{Av}A^{-1}$　　(A4.1-12)

したがって，次式を得る．

$$\begin{aligned}B_1&=\int_0^T ve^{Av}dvB=\left[ve^{Av}A^{-1}\right]_0^T B-\int_0^T e^{Av}A^{-1}dvB\\&=e^{AT}A^{-1}BT-\left[e^{Av}\right]_0^T A^{-2}B\\&=e^{AT}A^{-1}BT-\left(e^{AT}-I\right)A^{-2}B\end{aligned} \tag{A4.1-13}$$

(A4.1-8) 式を用いると，B_1 は次のように変形できる．

$$\begin{aligned}B_1&=e^{AT}A^{-1}BT-\left(e^{AT}-I\right)A^{-2}B\\&=\left(I+AT+A^2T^2/2!+A^3T^3/3!+\cdots\right)A^{-1}BT\\&\quad-\left(AT+A^2T^2/2!+A^3T^3/3!+\cdots\right)A^{-2}B\\&=\left(A^{-1}T+IT^2+AT^3/2!+A^2T^4/3!+\cdots\right)B\\&\quad-\left(A^{-1}T+T^2/2!+AT^3/3!+\cdots\right)B\\&=\left(I+AT/2!+A^2T^2/3!+A^3T^3/4!+\cdots\right)BT^2\\&\quad-\left(I/2!+AT/3!+A^2T^2/4!+\cdots\right)BT^2\\&=B_0T-\left(I/2!+AT/3!+A^2T^2/4!+\cdots\right)BT^2\end{aligned} \tag{A4.1-14}$$

したがって，まとめると折れ線入力離散値化の状態方程式が次のように得られる．

$$x_p\left(k+1\right)=F_px_p\left(k\right)+G_{p1}u\left(k\right)+G_{p2}u\left(k+1\right) \tag{A4.1-15}$$

ただし，

$$\begin{cases} F_p = e^{AT} \\ G_{p1} = \dfrac{B_1}{T} = e^{AT}A^{-1}B - \left(e^{AT} - I\right)A^{-2}\dfrac{B}{T} \\ \qquad = B_0 - \left(I/2! + AT/3! + A^2T^2/4! + \cdots\right)BT \\ G_{p2} = B_0 - G_{p1} \\ \qquad = \left(I/2! + AT/3! + A^2T^2/4! + \cdots\right)BT \\ B_0 = \left(e^{AT} - I\right)A^{-1}B \\ \qquad = \left(I + AT/2! + A^2T^2/3! + \cdots\right)BT \end{cases} \tag{A4.1-16}$$

（(A4.1-15) 式～(A4.1-16) 式が第 4 章の (4.1-4) 式～(4.1-5) 式である）

付録B　解析ツールについて（参考）

近年多くの解析ツールが利用できるようになっているので，本書に述べた方法を参考にユーザーが使いやすいツールを使えばよい．本書の例題の解析には，筆者が開発した“**KMAPディジタル制御ツールボックス**”という解析ツールを用いた．DATファイル（***.DAT）に書き込まれているインプットデータを用いて，本書の例題をKMAPディジタル制御ツールボックスで解く手順を以下に示したので参考にしていただきたい．

なお，本ソフトの購入･取得は本書の責任の範囲外であること，本ソフトを使用したことによる直接的または間接的に生じた障害や損害については一切の責任は負いませんので，ご注意ください．

■ KMAPディジタル制御ツールボックスの起動

解析ソフトＫＭＡＰを立ち上げると，その解析内容選択画面が出るので，“14”を選択すると“KMAPディジタル制御ツールボックス”が起動される．そこで,「先に進む」で“0”をキーインすると，下記の離散値系解析内容の選択メニューが表示される(今後バージョンアップで変更される).

その結果，画面には次の離散値系解析内容の一覧が表示される．

```
********************************************
*          ......＜離散値系解析内容＞......          *
*                                          *
*     1：ディジタル制御の基礎                 *
*                                          *
*     2：ディジタルフィードバック制御系         *
*                                          *
*     3：—                                 *
*                                          *
*     4：折れ線入力離散値化による最適制御       *
```

```
*                                                        *
*     5：折れ線入力離散値化による実時間最適制御（下記注意）  *
*                                                        *
*        （★5を選択する前に計算の途中で使うExcel図を）      *
*        （下記12によって表示される図のフォルダーから ）     *
*        （選択しておきます                         ）      *
*    10：インプットデータ全般（C:¥KMAP¥DIGIDATフォルダー） *
*   ---------------------------------------------------- *
*    11：安定解析図（f特，根軌跡）（30: 取り扱い説明書（pdf資料）） *
*    12：シミュレーション図（KMAP(Simu)）                 *
*  (-1)：(終了)                                          *
**********************************************************
```

●上記の解析内容1～を選択 ――＞1

以下，本書の例題をKMAPディジタル制御ツールボックスで解く際の操作手順について述べる．

==

第1章の例題について

【例題1.3.3】飛行機の離散時間運動解析

＜操作手順＞(DGT102.DAT)

＜離散値系解析内容＞の画面で，
“1”，“2”，“0”，“0”，“10”，“0.5”とすると，画面上に，PLANTデータ，
極・零点の数値データ等が表示されます．

＜解析を続けますか，終了しますか？＞の画面で，
“2”とすると,Excel図のメニューがでるので，「KMAP（DIGI-極零点）25E.xls」を選択してデータ更新すると図1.3.3（c）および図1.3.3（e）が得られる．

“7”とすると,Excel図のメニューがでるので，「KMAP（Simu10）DIGI1A.xls」を選択してデータ更新すると図1.3.3（d）が得られる．
また，「KMAP（Simu10）DIGI3A.xls」を選択してデータ更新すると図1.3.3（f）が得られる．

＜サンプル時間を0.05秒に変更する場合＞

＜解析を続けますか，終了しますか？＞の画面で，
“0” とすると，解析が再開します.
次に，“1”，“2”，“0”，“0”，“10”，“0.05” とすると，サンプル時間 0.05 秒の計算が実施される．図の表示は上記と同様.

【例題 1.4.3】飛行機のピッチ角制御則を Tustin 変換

＜操作手順＞(DGT103.DAT)

＜離散値系解析内容＞の画面で，制御則関連なので次のように入力する.
“1”，“3”，“0”，“0”，“10”，“0.5” とすると，画面上に，
③ ----(連続系の CONTROLLER)----
にピッチ角制御則の連続系の 4 行列データ (7) 式が表示される.
⑬ ----(CONTROLLER の Tustin 変換による離散化)----
にピッチ角制御則の離散値系の 4 行列データ (9) 式が表示される.

＜解析を続けますか，終了しますか？＞の画面で，
“2” とすると，Excel 図のメニューがでるので，「KMAP（DIGI- 極零点）25E.xls」を選択してデータ更新すると，連続系の極・零点図 1.4.3(b) が得られる.

また，「KMAP（DIGI-f 特 - 連続系）1.xls」を選択してデータ更新すると，連続系の周波数特性図 1.4.3(c)，図 1.4.3(d) が得られる.

“7” とすると，Excel 図のメニューがでるので，「KMAP（Simu10）DIGI1A.xls」を選択してデータ更新すると図 1.4.3（e）が得られる.

【例題 1.6.1】2 次システムの最短時間制御

＜操作手順＞(DGT111.DAT)

＜離散値系解析内容＞の画面で，
“1”，“11”，“0”，“0”，“5”，“1” とすると，画面上に，
連続系および離散値系の極・零点が表示される.

＜解析を続けますか，終了しますか？＞の画面で，
“2” とすると，Excel 図のメニューがでるので，「KMAP（DIGI- 極零点）25E.xls」を選択してデータ更新すると，連続系の極・零点図 1.6.1(b)，離散値系の極・零点図 1.6.1(c) が得られる.

また，＜解析を続けますか，終了しますか？＞の画面で，
“7” とすると，Excel 図のメニューがでるので，「KMAP（Simu- 最短時間制御）1A.xls」を選択してデータ更新すると図 1.6.1(e) が得られる.

【例題 1.6.2】飛行機の最短時間制御

＜操作手順＞(DGT112.DAT)

＜離散値系解析内容＞の画面で,
“1”, “12”, “0”, “0”, “8”, “1” とすると，画面上に,
連続系および離散値系の極・零点配置が表示される.

＜解析を続けますか，終了しますか？＞の画面で,
“2” とすると，Excel 図のメニューがでるので,「KMAP（DIGI- 極零点）25E.xls」を選択してデータ更新すると，連続系の極・零点図 1.6.2(b)，離散値系の極・零点図 1.6.2(c) が得られる.

また，＜解析を続けますか，終了しますか？＞の画面で,
“7” とすると ,Excel 図のメニューがでるので,「KMAP（Simu- 最短時間制御）2A.xls」を選択してデータ更新すると図 1.6.2(d) が得られる.

【例題 1.6.3】飛行機の最短時間制御の入力値を軽減する

＜操作手順＞(DGT113.DAT)

＜離散値系解析内容＞の画面で,
“1”, “13”, “0”, “0”, “8”, “1” とすると，画面上に,
連続系および離散値系の極・零点配置が表示される.

＜解析を続けますか，終了しますか？＞の画面で,
“7” とすると，Excel 図のメニューがでるので,「KMAP（Simu- 最短時間制御）2A.xls」を選択してデータ更新すると図 1.6.3(a) が得られる.

==

第 2 章の例題について

【例題 2.2.1】飛行機のピッチ角ディジタル制御系

＜操作手順＞(DGT201.DAT)

＜離散値系解析内容＞の画面で,
“2”, “1”, “0”, “0”, “10”, “0.5” とすると，画面上に次の計算結果が表示される.
① ----(連続系の PLANT)----（例題 1.3.3 の (6)～(8) 式と同じデータ),
② ----(連続系の PLANT の極・零点)----（例題 1.3.3 の (9) 式と同じデータ),
③ ----(連続系の CONTROLLER)----（例題 1.4.3 の (7) 式と同じデータ),

④ ----(連続系の CONTROLLER の極・零点)----
⑥ -1 ----(連続系の OVERALL 極・零点) (OPEN)----
⑥ -2 ----(連続系の OVERALL 極・零点) (CLOSED)----
⑧ ----(連続系のシミュレーション) (TES6.DAT)----
⑪ ----(PLANT の Hold 付き Z 変換による 4 行列)----
⑫ ----(PLANT の Hold 付き Z 変換の極・零点)----
⑬ ----(CONTROLLER の Tustin 変換による離散化)----
⑭ ----(CONTROLLER の Tustin 変換による離散化の極・零点)----
⑯ -1 ----(離散値系の OVERALL 極・零点) (OPEN)----
⑯ -2 ----(離散値系の OVERALL 極・零点) (CLOSED)---- （本例題の（4）式）
----(OVERALL のシミュレーション)----
PLANT は連続系および離散値系，CONTROLLER は離散値系(TES9.DAT)
----(OVERALL のシミュレーション)----
PLANT，CONTROLLER ともに離散値系の OVERALL(TES11.DAT)

<解析を続けますか，終了しますか？>の画面で，
“2” とすると，Excel 図のメニューがでるので，「KMAP（DIGI- 極零点）25E.xls」を選択してデータ更新すると，連続系の極・零点図（上記⑥ -2 を図示），離散値系の極・零点図（図 2.2.1（b））が得られる．
また，「KMAP（DIGI-f 特 - 離散値系）1.xls」を選択してデータ更新すると，離散値系の周波数特性図（図 2.2.1(e), 図 2.2.1(f)）が得られる．

また，<解析を続けますか，終了しますか？>の画面で，
“7” とすると，Excel 図のメニューがでるので，「KMAP（Simu10）DIGI4A.xls」を選択してデータ更新すると，離散値系のシミュレーション（図 2.2.1(d)）が得られる．

<サンプル時間を 0.05 秒に変更する場合>

<解析を続けますか，終了しますか？>の画面で，
“0” とすると，解析が再開します．ここで，
“5”, “1”, “0”, “0”, “10”, “0.05” とすると，画面上に次の計算結果
が表示される．図の表示等は上記と同様．

【例題 2.3.1】飛行機のピッチ角ディジタル制御系（遅れなし）

<操作手順>（DGT204.DAT）

<離散値系解析内容>の画面で，
“2”, “2”, “0”, “0”, “10”, “0.5” とすると，画面上に，
連続系および離散値系の極・零点配置等が表示される．

<解析を続けますか，終了しますか？>の画面で，

“2” とすると，Excel 図のメニューがでるので，「KMAP（DIGI- 極零点）25E.xls」を選択してデータ更新すると，離散値系の極・零点図（図 2.3.1(b)）が得られる．

また，＜解析を続けますか，終了しますか？＞の画面で，
“7” とすると，Excel 図のメニューがでるので，「KMAP（Simu10）DIGI4A.xls」を選択してデータ更新すると，離散値系のシミュレーション（図 2.3.1(d)）が得られる．

==

第 4 章の例題について

【例題 4.1.1】折れ線入力による 2 次システムのシミュレーション

＜操作手順＞(DGT401.DAT)

＜離散値系解析内容＞の画面で，
“4”, “1”, “0”, “0”, “10”, “1” とすると，画面上に次の計算結果が表示される．
① ----(連続系の PLANT)----
② ----(連続系の PLANT の極・零点)----
⑪ ----(PLANT の Hold 付き Z 変換による 4 行列)----
⑫ ----(PLANT の Hold 付き Z 変換の極・零点)----
....＜折れ線入力離散値化（DORESE1)＞....　　（本例題（4）式）

＜解析を続けますか，終了しますか？＞の画面で，
“7” とすると，Excel 図のメニューがでるので，「KMAP（Simu- 折れ線離散値化）2A.xls」を選択してデータ更新すると，離散値系のシミュレーション（図 4.1.1(b)）
が得られる．

【例題 4.1.2】折れ線入力による飛行機の運動シミュレーション

＜操作手順＞(DGT402.DAT)

＜離散値系解析内容＞の画面で，
“4”, “2”, “0”, “0”, “10”, “1” とすると，画面上に次の計算結果が表示される．
① ----(連続系の PLANT)----
② ----(連続系の PLANT の極・零点)----
⑪ ----(PLANT の Hold 付き Z 変換による 4 行列)----
⑫ ----(PLANT の Hold 付き Z 変換の極・零点)----
....＜折れ線入力離散値化（DORESE1)＞....　　（本例題 (4)，(18) 式）

＜解析を続けますか，終了しますか？＞の画面で，
“7” とすると，Excel 図のメニューがでるので，「KMAP（Simu- 折れ線入力 SIMU）1A.xls」

を選択してデータ更新すると，離散値系のシミュレーション（図 4.1.2(d)）が得られる.

【例題 4.2.1】飛行機のピッチ角制御系の最適制御

＜操作手順＞（DGT403.DAT）

まず，本題に入る前に，DGT107.DAT のデータを用いて，T=0.5 秒のピッチ角制御系の特性を確認する．このときの操作は＜離散値系解析内容＞の画面で，
“1”, “7”, “0”, “0”, “10”, “0.5” とすると，画面上に次の計算結果が表示される.
① ----(連続系のピッチ角制御系の PLANT)----
② ----(連続系の PLANT の極・零点)----
⑪ ----(PLANT の Hold 付き Z 変換による 4 行列)---- (12)，(13) 式
⑫ ----(PLANT の Hold 付き Z 変換の極・零点)---- (14) 式

＜解析を続けますか，終了しますか？＞の画面で,
“2” とすると，Excel 図のメニューがでるので，「KMAP（DIGI- 極零点）25E.xls」を選択してデータ更新すると，連続系の極･零点図（図 4.2.1（a)），離散値系の極･零点図（図 4.2.1(c)）が得られる.

＜解析を続けますか，終了しますか？＞の画面で,
“7” とすると, Excel 図のメニューがでるので,「KMAP（Simu10）DIGI1.xls」を選択してデータ更新すると，連続系のシミュレーション（図 4.2.1(b)）が得られる.
また,「KMAP（Simu10）DIGI3.xls」を選択してデータ更新すると, 離散値系のシミュレーション（図 4.2.1(d)）が得られる.

さて，本題に戻って，“4”, “3”, “0”, “0”, “40”, “5” とすると，画面上に T=5.0 秒の計算結果が表示される.
....< 折れ線入力離散値化（DPSIMUL6)>.... (16) 式～(18) 式

＜解析を続けますか，終了しますか？＞の画面で,
“7” とすると，Excel 図のメニューがでるので，「KMAP（Simu- 折れ線最適 - ピッチ）2.xls」を選択してデータ更新すると，離散値系のシミュレーション（図 4.2.1(g)）が得られる.

【例題 4.2.2】飛行機のロール角制御系の最適制御

＜操作手順＞（DGT404.DAT）

まず，本題に入る前に，DGT109.DAT のデータを用いて，T=0.5 秒のロール角制御系の特性を確認する．このときの操作は＜離散値系解析内容＞の画面で,
“1”, “9”, “0”, “0”, “10”, “0.5” とすると，画面上に次の計算結果が表示される.

①----(連続系のピッチ角制御系の PLANT)----
②----(連続系の PLANT の極・零点)----
⑪----(PLANT の Hold 付き Z 変換による 4 行列)----　(11)，(12) 式
⑫----(PLANT の Hold 付き Z 変換の極・零点)----　(13) 式

<解析を続けますか，終了しますか？>の画面で，
"2" とすると，Excel 図のメニューがでるので，「KMAP（DIGI- 極零点）25E.xls」を選択してデータ更新すると，離散値系の極・零点図（図 4.2.2(c)）が得られる．

<解析を続けますか，終了しますか？>の画面で，
"7" とすると，Excel 図のメニューがでるので，「KMAP（Simu10）DIGI1.xls」を選択してデータ更新すると，連続系のシミュレーション（図 4.2.2(b)）が得られる．
また,「KMAP（Simu10）DIGI3.xls」を選択してデータ更新すると, 離散値系のシミュレーション（図 4.2.2(d)）が得られる．

さて，本題に戻って，"4", "4", "0", "0", "40", "5" とすると，画面上に T=5.0 秒の計算結果が表示される．
.... <折れ線入力離散値化（DPSIMUL6）> ....　(15) 式～(17) 式

<解析を続けますか，終了しますか？>の画面で，
"7" とすると ,Excel 図のメニューがでるので，「KMAP（Simu- 折れ線最適 - ロール）1.xls」を選択してデータ更新すると，離散値系のシミュレーション（図 4.2.2(f)）が得られる．

【例題 4.2.3】飛翔体の最適航法

<操作手順>(DGT405.DAT)

<離散値系解析内容>の画面で，
"4", "5", "0", "0", "0" とすると，画面上に計算結果が表示される．

<解析を続けますか，終了しますか？>の画面で，
"7" とすると，Excel 図のメニューがでるので，「KMAP（Simu 飛翔体）X-Y1.xls」を選択してデータ更新すると，運動軌跡のシミュレーション（図 4.2.3(d)）が得られる．
また,「KMAP（Simu 飛翔体）T-X1.xls」を選択してデータ更新すると, タイムヒストリー（図 4.2.3(e) が得られる．

【例題 4.2.4】2 輪車両の車庫入れ時の最適制御

<操作手順>(DGT406.DAT)

<離散値系解析内容>の画面で，

“4”, “6”, “0”, “0”, とすると，画面上に計算結果が表示される．

＜解析を続けますか，終了しますか？＞の画面で，
“7” とすると，Excel 図のメニューがでるので，「KMAP（車庫入れ）X-Y1.xls」を選択してデータ更新すると，運動軌跡のシミュレーション（図 4.2.4(d)）が得られる．
また，「KMAP（車庫入れ - 実時間 - 離散値系）T-Y1.xls」を選択してデータ更新すると，タイムヒストリー（図 4.2.4(e)）が得られる．

==

第 5 章の例題について

【例題 5.1.1】ピッチ角制御系の実時間障害物回避

＜操作手順＞（DGT501.DAT）

実時間最適制御の場合は，各ステップごとにタイムヒストリー図を確認することができます．それには，ソフトを立ち上げた際の最初の＜離散値系解析内容＞の画面で，“12” として，シミュレーション用 Excel 図のフォルダーを出しておくか，　または一度解析を行った後に表示される＜解析を続けますか，終了しますか？＞の画面で “7” として同じシミュレーション用 Excel 図のフォルダーを出しておく必要があります．（5 章の例題は全て同様）

＜離散値系解析内容＞の画面に戻り，“5”, “1”, “0”, “0”, “40”, “5” とすると，画面上にステップ 1 の結果が表示される．

ここで，最初に出しておいたシミュレーション用 Excel のフォルダーにて，
「KMAP (Simu- 折れ線最適 - ピッチ) D3.xls」を選択してデータ更新すると，離散値系のシミュレーションのステップ 1（図 5.1.1(b)）が得られる．

次に，“0” を入れるとステップ 2，･･･，5 回目の “0” を入れるとステップ 6 が得られる．

ここで，「KMAP（Simu- 折れ線最適 - ピッチ）1.xls」を選択してデータ更新すると，ステップ 1 ～ステップ 6 までの一連のシミュレーション結果（図 5.1.1(h)）が得られる．

【例題 5.1.2】ロール角制御系の実時間障害物回避

＜操作手順＞（DGT502.DAT）

＜離散値系解析内容＞の画面に戻り，“5”, “2”, “0”, “0”, “40”, “5” とすると，画面上にステップ 1 の結果が表示される．

ここで，最初に出しておいたシミュレーション用 Excel のフォルダーにて，

「KMAP (Simu- 折れ線 - ロール) D3.xls」を選択してデータ更新すると, 離散値系のシミュレーションのステップ 1（図 5.1.2(b)）が得られる.

次に，“0”を入れるとステップ 2，･･･，5 回目の“0”を入れるとステップ 6 が得られる.

ここで，「KMAP（Simu- 折れ線最適 - ロール）1.xls」を選択してデータ更新すると，ステップ 1～ステップ 6 までの一連のシミュレーション結果（図 5.1.2(h)）が得られる.

【例題 5.2.1】飛翔体の実時間最適制御

<操作手順>(DGT503.DAT)

<離散値系解析内容>の画面に戻り，“5”, “3”, “0”, “0”, “0”とすると，画面上にステップ 1 の結果が表示される.

ここで，最初に出しておいたシミュレーション用 Excel のフォルダーにて,
「KMAP（Simu 飛翔体）X-Y1A.xls」を選択してデータ更新すると，離散値系の運動軌跡のステップ 1（図 5.2.1(b)）が得られる．また，「KMAP（Simu 飛翔体）T-X1A.xls」を選択してデータ更新すると，タイムヒストリーのステップ 1（図 5.2.1(c)）が得られる.

次に，“0”を入れるとステップ 2，･･･，3 回目の“0”を入れるとステップ 4 が得られる.

ここで,「KMAP（Simu 飛翔体 - 最終解）X-Y1A.xls」および「KMAP（Simu 飛翔体 - 最終解）T-Y1A.xls」を選択してデータ更新すると, ステップ 1～ステップ 6 までの一連の最終結果 (図 5.2.1(j), 図 5.2.1(k)）が得られる.

【例題 5.2.2】目標機の軌道変化に対応した飛翔体実時間制御

<操作手順>(DGT504.DAT)

<離散値系解析内容>の画面に戻り，“5”, “4”, “0”, “0”, “0”とすると，画面上にステップ 1 の結果が表示される.

ここで，最初に出しておいたシミュレーション用 Excel のフォルダーにて,
「KMAP（Simu 飛翔体）X-Y1A.xls」を選択してデータ更新すると，離散値系の運動軌跡のステップ 1（図 5.2.1(b) と同じ）が得られる．また，「KMAP（Simu 飛翔体）T-X1A.xls」を選択してデータ更新すると，タイムヒストリーのステップ 1（図 5.2.1(c) と同じ）が得られる.

次に, “0”を入れるとステップ 2, ･･･, 3 回目の“0”を入れるとステップ 4 が得られる.（ステップ 2 までは例題 5.2.1 と同じである）

ここで,「KMAP（Simu 飛翔体 - 最終解）X-Y1A.xls」および「KMAP（Simu 飛翔体 - 最終解）T-Y1A.xls」を選択してデータ更新すると, ステップ 1 ～ステップ 6 までの一連の最終結果（図 5.2.2(f), 図 5.2.2(g)）が得られる.

【例題 5.3.1】2 輪車両の車庫入れ時の実時間最適制御

<操作手順>(DGT505.DAT)

<離散値系解析内容>の画面に戻り，“5”, “5”“0”, “0”とすると，画面上にステップ 1 の結果が表示される.

ここで，最初に出しておいたシミュレーション用 Excel のフォルダーにて,
「KMAP（車庫入れ）X-Y1A.xls」を選択してデータ更新すると, 離散値系の運動軌跡のステップ 1（図 5.3.1(b)）が得られる．また，「KMAP（車庫入れ）T-Y1A)」を選択してデータ更新すると，タイムヒストリーのステップ 1（図 5.3.1(c)）が得られる.

次に，“0”を入れるとステップ 2，･･･，3 回目の“0”を入れるとステップ 4 が得られる.

ここで，「KMAP（車庫入れ - 最終解）X-Y1A.xls」および「KMAP（車庫入れ - 最終解）T-Y1A.xls」を選択してデータ更新すると, ステップ 1 ～ステップ 6 までの一連の最終結果（図 5.3.1(j), 図 5.3.1(k)）が得られる.

【例題 5.3.2】2 輪車両の車庫入れ時の実時間障害物回避

<操作手順>(DGT506.DAT)

<離散値系解析内容>の画面に戻り，“5”, “6”“0”, “0”とすると，画面上にステップ 1 の結果が表示される.

ここで，最初に出しておいたシミュレーション用 Excel のフォルダーにて,
「KMAP（車庫入れ）X-Y1A.xls」を選択してデータ更新すると, 離散値系の運動軌跡のステップ 1（図 5.3.2(b) ）が得られる．また，「KMAP（車庫入れ）T-Y1A)」を選択してデータ更新すると，タイムヒストリーのステップ 1（図 5.3.2(c)）が得られる.

次に，“0”を入れるとステップ 2 が得られる.
(ステップ 2 までは例題 5.3.1 と同じである)

同様に，“0”を入れると画面上にステップ 3 の結果が表示されるが，障害物が出現しているので，運動軌跡の方は「KMAP（車庫入れ）OBS.X-Y1A.xls」を選択してデータ更新すると, 離散値系の運動軌跡のステップ 3 (図 5.3.2 (f)) が得られる．タイムヒストリーの方は「KMAP

（車庫入れ）T-Y1A)」をデータ更新すると，タイムヒストリーのステップ3（図5.3.2(g)）が得られる．

同様に，3回目の“0”を入れるとステップ4が得られる．

ここで，「KMAP（車庫入れ - 最終解）OBS.X-Y1A.xls」および「KMAP（車庫入れ - 最終解）T-Y1A.xls」を選択してデータ更新すると，ステップ1～ステップ6までの一連の最終結果（図5.3.2(j)，図5.3.2(k)）が得られる．

【例題5.3.3】2輪車両の走行時の実時間障害物回避（1）

<操作手順>(DGT507.DAT)

<離散値系解析内容>の画面に戻り，“5”，“7”“0”，“0”とすると，画面上にステップ1の結果が表示される．

ここで，最初に出しておいたシミュレーション用Excelのフォルダーにて，
「KMAP（2輪車両）X-Y1A.xls」を選択してデータ更新すると，離散値系の運動軌跡のステップ1（図5.3.3(b)と同じ）が得られる．また，「KMAP（2輪車両）T-Y1A)」を選択してデータ更新すると，タイムヒストリーのステップ1（図5.3.3(c)）が得られる．

次に，“0”を入れるとステップ2が得られる．
同様に，“0”を入れると画面上にステップ3の結果が表示されるが，障害物が出現しているので，運動軌跡の方は「KMAP（2輪車両）OBS.X-Y1A.xls」を選択してデータ更新すると，離散値系の運動軌跡のステップ3(図5.3.3(f))が得られる．タイムヒストリーの方は「KMAP（2輪車両）T-Y1A)」をデータ更新すると，タイムヒストリーのステップ3（図5.3.3(g)）が得られる．

同様に，3, 4回目の“0”を入れるとステップ4およびステップ5が得られる．
ここで，「KMAP（2輪車両 - 最終解）OBS.X-Y1A.xls」および「KMAP（2輪車両 - 最終解）T-Y1A.xls」を選択してデータ更新すると，ステップ1～ステップ6までの一連の最終結果（図5.3.3(*l*)，図5.3.3(m)）が得られる．

【例題5.3.4】2輪車両の走行時の実時間障害物回避（2）

<操作手順>（DGT508.DAT）

<離散値系解析内容>の画面に戻り，“5”，“8”“0”，“0”とすると，画面上にステップ1の結果が表示される．

ここで，最初に出しておいたシミュレーション用 Excel のフォルダーにて，
「KMAP（2 輪車両）X-Y1A.xls」を選択してデータ更新すると，離散値系の運動軌跡のステップ 1（図 5.3.4(b)）が得られる．また，「KMAP（2 輪車両）T-Y1A)」を選択してデータ更新すると，タイムヒストリーのステップ 1（図 5.3.4(c)）が得られる．

次に，“0”を入れるとステップ 2 が得られる．
同様に，“0”を入れると画面上にステップ 3 の結果が表示されるが，障害物が出現しているので，運動軌跡の方は「KMAP（2 輪車両）OBS.X-Y2A.xls」を選択してデータ更新すると，離散値系の運動軌跡のステップ 3 (図 5.3.4 (f)) が得られる．タイムヒストリーの方は「KMAP (2 輪車両）T-Y1A)」をデータ更新すると，タイムヒストリーのステップ 3（図 5.3.4(g)）が得られる．

同様に，3, 4 回目の“0”を入れるとステップ 4 およびステップ 5 が得られる．
ここで，「KMAP（2 輪車両 - 最終解）OBS.X-Y2A.xls」および「KMAP（2 輪車両 - 最終解）T-Y1A.xls」を選択してデータ更新すると，ステップ 1 〜ステップ 6 までの一連の最終結果（図 5.3.4(*l*), 図 5.3.4(m)）が得られる．

参考文献

1) 安居院猛・中嶋正之『ディジタルシステム制御理論』産報出版，1976

2) 古田勝久・美多　勉『システム制御理論演習』昭晃堂，1978

3) 高橋安人『システムと制御』(第2版，上，下)，岩波書店，1978

4) 伊藤正美『大学講義 自動制御』丸善，1981

5) 明石　一・今井弘之『詳解 制御工学演習』共立出版，1981

6) 木村英紀『ディジタル信号処理と制御』昭晃堂，1982

7) 古田勝久・川路茂保・美多　勉・原　辰次『メカニカルシステム制御』オーム社，1984

8) 美多　勉『ディジタル制御理論』昭晃堂，1984

9) 美多　勉・原　辰次・近藤　良『基礎ディジタル制御』コロナ社，1988

10) 荒木光彦『ディジタル制御理論入門』朝倉書店，1991

11) 浜田　望・松本直樹・高橋　徹『現代制御理論入門』コロナ社，1997

12) 萩原朋道『ディジタル制御入門』コロナ社，1999

13) 金井喜美雄・堀　憲之『ディジタル制御の基礎と演習』槙書店，2000

14) J.M.Maciejowski 著，足立修一・管野政明 訳『モデル予測制御』2005

15) 青木　立・西堀俊幸『ディジタル制御』コロナ社，2005

16) 片柳亮二『航空機の飛行力学と制御』森北出版，2007

17) 岡田昌史『システム制御の基礎と応用』数理工学社，2007

18) 片柳亮二『KMAP による制御工学演習』産業図書，2008

19) 片柳亮二『KMAP による工学解析入門』産業図書，2011

20) 大塚敏之『非線形最適制御入門』コロナ社，2011

21) 熊谷英樹・日野満司・村上俊之・桂誠一郎『基礎からの自動制御と実装テクニック』技術評論社，2011

22) 涌井伸二・橋本誠司・高梨宏之・中村幸紀『現場で役に立つ制御工学の基本』コロナ社，2012

23) 森　泰親『演習で学ぶディジタル制御』森北出版，2012

24) 片柳亮二『機械システム制御の実際―航空機，ロボット，工作機械，自動車，船および水中ビークル』産業図書，2013

25) 片柳亮二『例題で学ぶ航空制御工学』技報堂出版, 2014

26) 大塚敏之 編著, 浜松正典・永塚　満・川邊武俊・向井正和・M.A.S. Kamal・西羅光・山北昌毅・李　俊黙・橋本智昭 著『実時間最適化による制御の実応用』コロナ社, 2015

27) 小坂　学『高校数学でマスターする現代制御とディジタル制御』コロナ社, 2015

28) 川田昌克 編著, 東　俊一・市原裕之・浦久保孝光・大塚敏之・甲斐健也・國松禎明・澤田賢治・永原正章・南　裕樹 著『倒立振子で学ぶ制御工学』森北出版, 2017

29) 江上　正・土谷武士『現代制御工学—基礎から応用へ』産業図書, 2017

30) 片柳亮二『KMAP ゲイン最適化による多目的制御設計—なぜこんなに簡単に設計できるのか』産業図書, 2018

31) 片柳亮二『簡単に解ける非線形最適制御問題』技報堂出版, 2018

32) 片柳亮二『コンピュータ時代の実用制御工学』技報堂出版, 2020

33) 片柳亮二『実時間で解く 2 点境界値問題－2 輪車両の走行時に 2 つの障害物を回避する運動』第 65 回システム制御情報学会研究発表講演会, 2021 年 5 月 .

索　引

【た行】

【な行】

【は行】

【ま行】

【や行】

［著者略歴］

片 柳 亮 二（かたやなぎ りょうじ）

東京大博士（工学）

1946年　群馬県生まれ

1970年　早稲田大学理工学部機械工学科卒業

1972年　東京大学大学院工学系研究科修士課程（航空工学）修了
同年，三菱重工業（株）名古屋航空機製作所に入社
T-2CCV機，QF-104無人機，F-2機等の飛行制御系開発に従事
同社プロジェクト主幹を経て

2003年　金沢工業大学航空システム工学科教授

2016年～　金沢工業大学客員教授

著　書『航空機の運動解析プログラムKMAP』産業図書，2007
『航空機の飛行力学と制御』森北出版，2007
『KMAPによる制御工学演習』産業図書，2008
『飛行機設計入門—飛行機はどのように設計するのか』日刊工業新聞社，2009
『KMAPによる飛行機設計演習』産業図書，2009
『KMAPによる工学解析入門』産業図書，2011
『航空機の飛行制御の実際—機械式からフライ・バイ・ワイヤへ』森北出版，2011
『初学者のためのKMAP入門』産業図書，2012
『飛行機設計入門2（安定飛行理論）—飛行機を安定に飛ばすコツ』日刊工業新聞社，2012
『飛行機設計入門3（旅客機の形と性能）—どのような機体が開発されてきたのか』日刊工業新聞社，2012.
『機械システム制御の実際—航空機，ロボット，工作機械，自動車，船および水中ビークル』産業図書，2013
『例題で学ぶ航空制御工学』技報堂出版，2014
『例題で学ぶ航空工学—旅客機，無人飛行機，模型飛行機，人力飛行機，鳥の飛行』成山堂書店，2014
『設計法を学ぶ 飛行機の安定性と操縦性』成山堂書店，2015
『飛行機の翼理論』成山堂書店，2016
『KMAPゲイン最適化による多目的制御設計—なぜこんなに簡単に設計できるのか』産業図書，2018
『簡単に解ける非線形最適制御問題』技報堂出版，2019
『コンピュータ時代の実用制御工学』技報堂出版，2020

ディジタル制御と実時間最適制御　　定価はカバーに表示してあります.

2021年7月1日　1版1刷発行　　ISBN978-4-7655-3271-6 C3053

著　者　片　柳　亮　二

発行者　長　滋　彦

発行所　技報堂出版株式会社

〒101-0051　東京都千代田区神田神保町1-2-5
電　話　営　業（03）（5217）0885
　　　　編　集（03）（5217）0881
F A X　（03）（5217）0886
振替口座　00140-4-10
http://gihodobooks.jp/

日本書籍出版協会会員
自然科学書協会会員
土木・建築書協会会員

Printed in Japan

装幀　浜田晃一　　印刷・製本　三美印刷